JN308981

エッシャー・マジック
だまし絵の世界を数理で読み解く

杉原厚吉

Kokichi Sugihara
Escher Magic
Mathematical Study of Pictures of Impossible Objects and Tilling Arts

東京大学出版会

Escher Magic:
Mathematical Study of Pictures of Impossible Objects and Tilling Arts

Kokichi Sugihara

University of Tokyo Press, 2011
ISBN978-4-13-063355-0

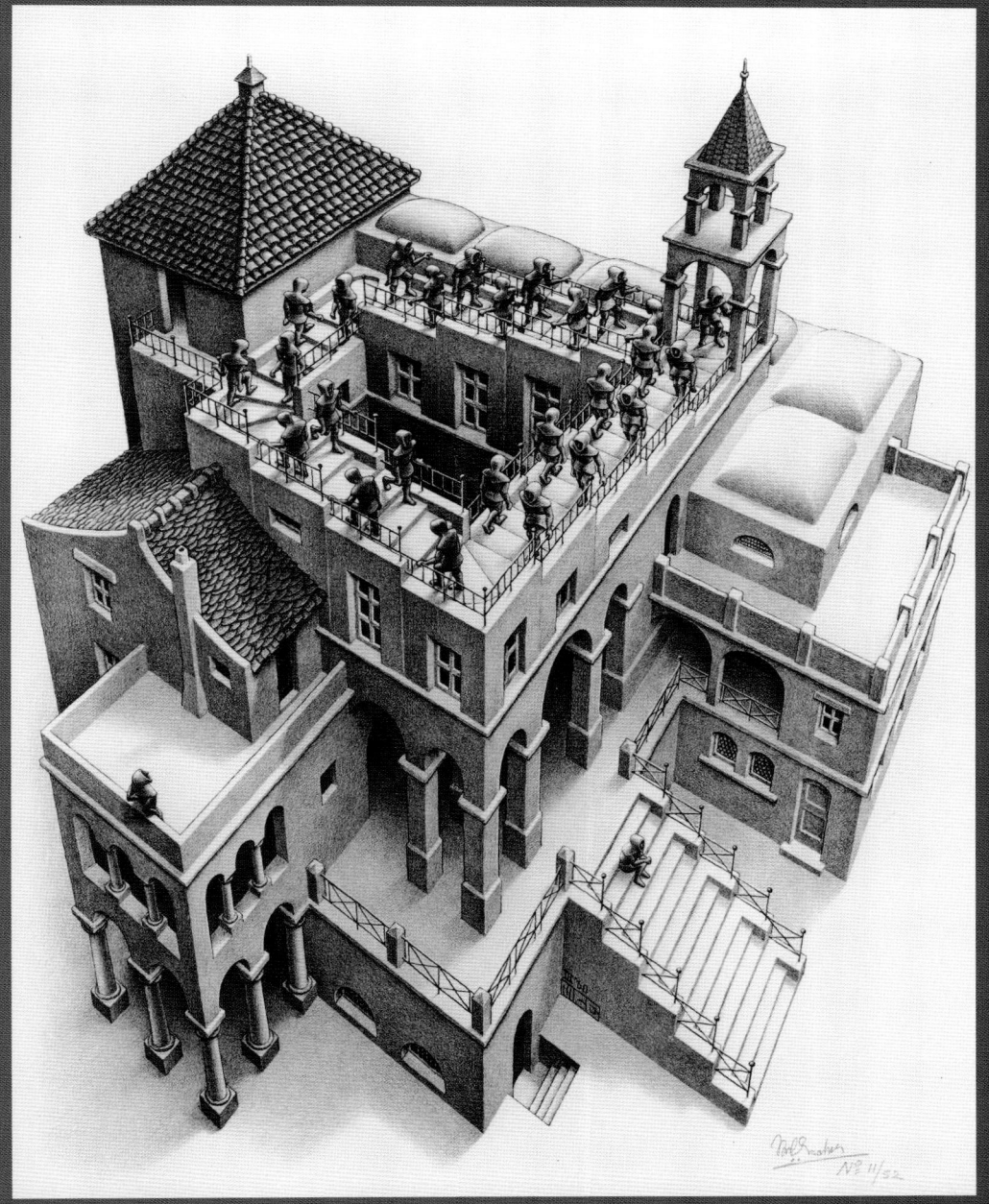

口絵1　エッシャー:「上昇と下降」, リトグラフ, 355×285 mm, 1960.
M.C. Escher's "Ascending and Descending"© 2010 The M.C. Escher Company-Holland. All rights reserved. www.mcescher.com

口絵2　エッシャー:「爬虫類」．リトグラフ，334×385 mm, 1943.
M.C. Escher's "Reptiles"© 2010 The M.C. Escher Company-Holland. All rights reserved. www.mcescher.com

口絵3　エッシャー:「円の極限 IV（天国と地獄）」.
板目木版，直径 416 mm, 1960.
M.C. Escher's "Circle Limit IV"© 2010 The M.C. Escher Company-Holland. All rights reserved.
www.mcescher.com

口絵 4　エッシャー：「空と水 I」．板目木版，435×439 mm, 1938.
M.C. Escher's "Sky and Water I" © 2010 The M.C. Escher Company-Holland. All rights reserved. www.mcescher.com

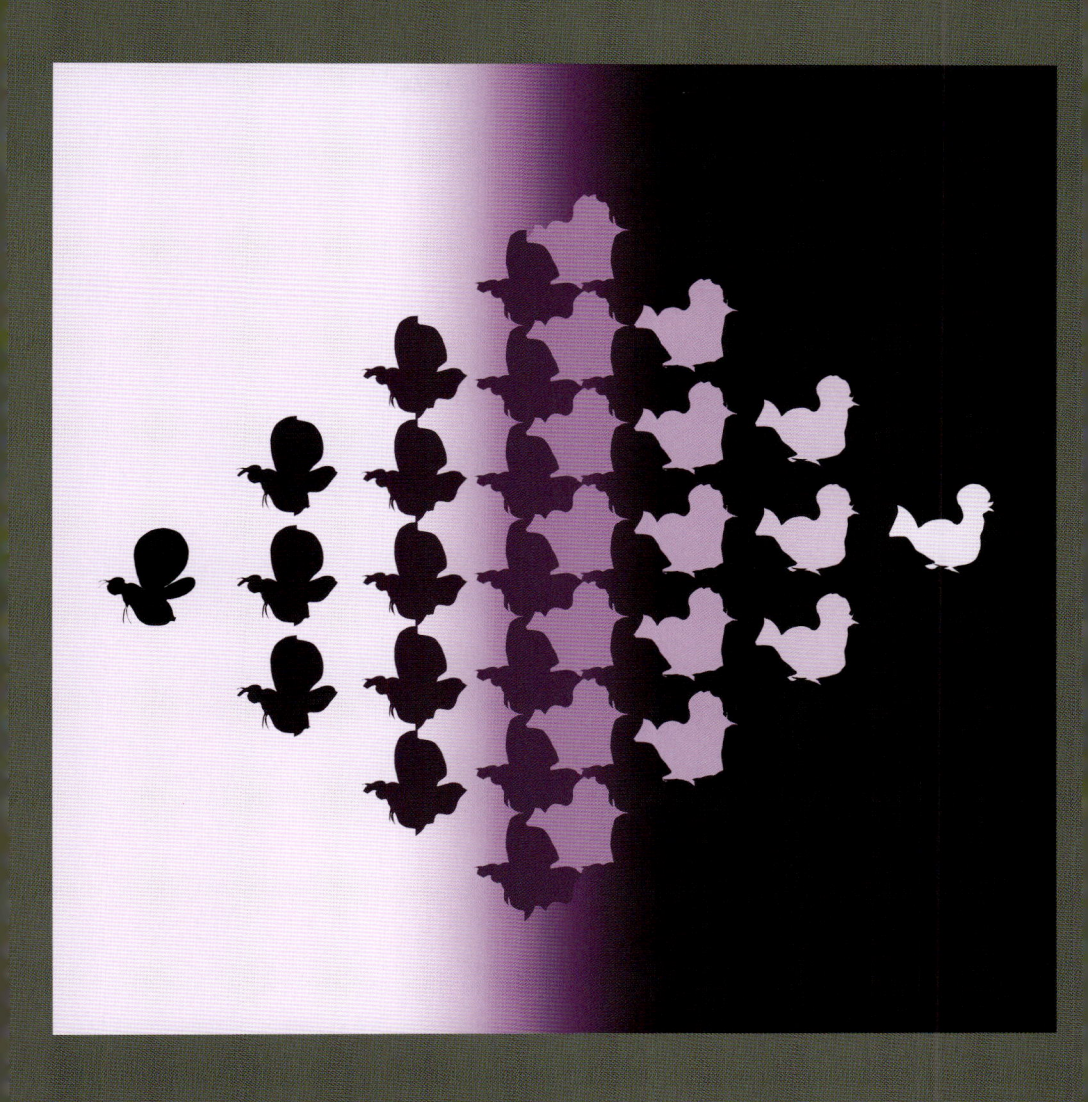

口絵 5 「昼と夜」風タイリング「蜂とひよこ」(第 7 章を参照)

口絵 6　不可能立体「4本柱の戯れ」(右下は,この立体を別の角度から見たところ:第13章を参照)

はじめに

　オランダの版画家エッシャー (M. C. Escher, 1898-1972) は，隙間なく平面を埋め尽くす図形や，あり得ない立体の絵などを素材に使いながら，おしゃれで不思議な作品をたくさん残しています．本書は，このエッシャーの作品に焦点を合わせて，どうしたらこのような不思議な世界が創れるのかという秘密を，数理の目を通して明らかにしようとするものです．

　一般に芸術作品は，芸術家の個性的な創造活動によって生まれるもので，数理とはあまり関係はありません．しかし，例外的に数理に非常に近いところで作品を創る芸術家もいます．エッシャーは，そのような芸術家の代表的な1人でしょう．

　エッシャーは長い生涯にわたってさまざまに作風を変えながら，多様な作品を残していますが，その中で，とくに数理的構造が顕著な作品群が2種類あります．その第1は，平面への図形の敷き詰めを素材にしたもので，その第2は，あり得ない立体の絵を素材にしたものです．エッシャーはこれらの素材を巧みに生かして，すばらしい作品をたくさん世に出し，世界中の人びとを驚かせました．

　この本では，これらの2つのグループの作品群を数理的に分析し，その秘密に迫ります．前者の図形の敷き詰めは，タイル貼りの数理と深く関係しています．また，後者のあり得ない立体は，投影の幾何学，コンピュータビジョンの数理と深く関係しています．目標は，エッシャーの絵の構造を数理的に理解し，自分でも同じような絵が描けるようになることです．

　最後に，エッシャーを越えて，エッシャーが絵に描いたものを，立体として作るための数理的方法論についても考えます．この最後の部分は，絵を理

解するコンピュータを作りたいという数理工学の研究の中から生まれた副産物です．

　私が2009年の3月まで所属していた東京大学では，教養学部の1，2年生を対象として，教員が好きな内容を自由にアレンジして講義をすることのできる全学自由研究ゼミナールという講義枠があります．本書は，これを利用して私が行った「視覚の数理：エッシャーの秘密を数理で探る」（2006年夏学期）と「芸術の中の数理：エッシャーの秘密を探る」（2007年夏学期）の講義ノートを加筆修正したものです．

　この講義では，期末試験の代わりに，作品作りを課しました．タイリングでも，あり得ない立体でもどちらでもよいから，講義で学んだ数理手法を適用して，自分独自のエッシャー風作品を作ることが課題でした．講義の最終回には，提出された作品を皆で一緒に鑑賞し合いました．その中には私の期待をはるかに凌ぐすばらしい作品も少なくありませんでした．その一部は本書の中でも紹介します．各章のはじめに紹介してあるのが生徒さんの作品です．2006年のものは2006年度の講義レポート作品です．2007年のものは，2007年度の講義レポート作品です．

　本書の執筆にあたっては多くの方々のお世話になりました．岡部美乃理さん，小泉拓君，関根亮吾君とは，修士論文や卒業論文の研究を通して，タイリングについて一緒に勉強することができました．明治大学阿原一志准教授からは，タイリングや双曲幾何について多くのことを教えていただきました．2006年，2007年の東京大学全学自由研究ゼミナールの受講生からは，質問，議論，レポート作品を通して多くの刺激を受けました．ハウステンボス美術館・博物館の安田恭子さん，愛媛県美術館の遠藤貢治氏には，エッシャー風タイリングアートを作る私の試作ソフトウェアをエッシャー展の期間に合わせて来館者に開放して感想をフィードバックする機会を作っていただきました．明治大学池田幸太特任講師，占部千由研究推進員からは，本書の初稿にコメントをいただきました．金崎千春さんには講義ノートの清書作業も含めて，私の乱雑な原稿を手際よくまとめていただきました．東京大学出版会の丹内利香さんには，本書の構成についていろいろと相談に乗っていただき，また原稿の完成を気長に待っていただきました．これらの方々に深く

感謝申し上げます.

2010 年 7 月
杉原 厚吉

目 次

はじめに ... i

I タイリングとそのアート化 ... 1

1 エッシャー風タイリングを作ってみよう ... 4

2 タイリングの基本パターン ... 13
- 2.1 タイリングとは ... 14
- 2.2 長さを変えない写像 ... 15
- 2.3 写像の合成と群 ... 18
- 2.4 周期的なタイリング ... 22
- 2.5 17種類の周期的タイリング ... 24

3 エッシャー化の方法とバリエーション ... 39
- 3.1 どんな変形が許されるか ... 40
- 3.2 エッシャー化の例 ... 44
- 3.3 変形自由度のまとめ ... 46
- 3.4 エッシャー化のバリエーション ... 50

4 目標図形から出発するエッシャー化 ... 61
- 4.1 タイル境界の点列による表現 ... 62
- 4.2 タイリングができるためには ... 63
- 4.3 目標図形に近づけるためには ... 65
- 4.4 最適タイルの探索 ... 71

5 さまざまなタイリング　　73
5.1 勢力圏図から生まれるタイリング 74
5.2 勢力圏図を利用した対話的エッシャー化 77
5.3 三角形によるタイリング 80
5.4 非周期的なタイリング 84

6 「円の極限 IV（天国と地獄）」——非ユークリッド空間でのタイリング　　90
6.1 双曲幾何学 91
6.2 双曲空間における等長変換 95
6.3 双曲三角形によるタイリング 104

7 「空と水」——モーフィングによるタイリング　　107
7.1 モーフィング 108
7.2 タイルから隙間へのモーフィング 110

II だまし絵とその立体化　　117

8 線画をどう理解する？　　120
8.1 線の分類 121
8.2 頂点辞書 123

9 立体構造をとりだす　　129
9.1 正しい絵と正しくない絵 130
9.2 数学的な解は役に立つか 133
9.3 工学的な解を求めて 134
9.4 誤差に敏感な絵と鈍感な絵 135
9.5 絵の柔軟な理解 138

10 だまし絵の描き方　　141
10.1 だまし絵とよばれるためには 142
10.2 だまし絵描画技法 145

11 不連続のトリック——不可能立体の作り方 その1　151
- 11.1 投影の幾何学 ... 152
- 11.2 線画からの立体復元 ... 153
- 11.3 奥行きにギャップを設ける ... 160

12 曲面のトリック——不可能立体の作り方 その2　165
- 12.1 展開可能な曲面 ... 166
- 12.2 2次曲面の分類 ... 170
- 12.3 曲面を利用しただまし絵立体 ... 171

13 非直角のトリック——不可能立体の作り方 その3　178
- 13.1 4本の柱 ... 179
- 13.2 なぜだまし絵に見えるのか ... 181
- 13.3 非直角立体を電卓で作る ... 182
- 13.4 任意の視点からの復元 ... 185

参考文献　191

索引　194

I
タイリングとそのアート化

エッシャーの作品を初めて見たとき誰でも驚かされるものの1つが，タイリングアートでしょう．鳥やとかげや人物などの複雑な形のタイルで，画面が隙間なく覆われています．ときにはたった1種類の，そうでなくてもわずかな種類の入りくんだ形のタイルが互いにぴったりとかみ合って，隙間も重なりもなく平面が埋め尽くされるパターンは魔法のようですね．第I部では，このタイリングの魔法を数理的に解き明かします．まず，基本的な道筋を簡単な例で示したあと，最初にユークリッド平面における周期的タイリングについて学び，それからエッシャー風アートを創り出す数理的操作を構成していきます．次に，非ユークリッド幾何学の世界でのタイリングを学び，それを利用したエッシャー作品の構造を明らかにします．さらにタイルの連続変形を利用したアートについても探ることにします．

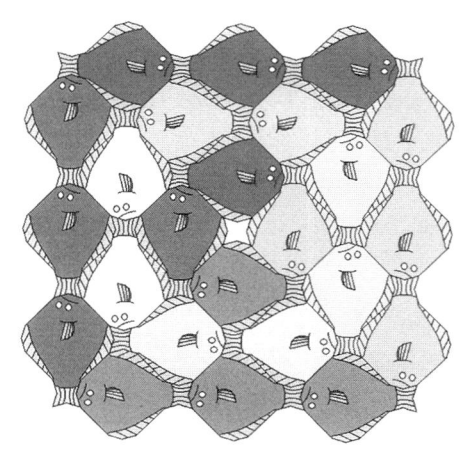

小野田穣 作：「蝶タイリング①」，2006.

1
エッシャー風タイリングを作ってみよう

　エッシャーはタイルの敷き詰めを利用した作品をたくさん残しています（文献 [11], [12], [30], [44]）．たとえば，口絵に示したエッシャーの作品「爬虫類」(1943) の中にも，トカゲの形をした 1 種類のタイルを平面に敷き詰めたスケッチブックの 1 ページが，とてもおしゃれな形で組み込まれています．複雑なタイルで敷き詰められたエッシャーの不思議なタイリングアートは，まるで魔法のようで，私たち普通の人間には簡単には真似のできない近寄りがたいもののように見えるのではないでしょうか．もちろんこれは，エッシャーという天才だからできたことでしょう．でも，その作品の芸術的側面を忘れて，複雑なタイリングパターンの作り方だけに着目すると，私たちにも使える数理的方法が見えてきます．すなわち，あんな複雑なタイル

鈴木峻 作：「ひよこ」, 2006.

で，重なりもなく隙間もなく平面を埋め尽くすことがいったいどうやったらできるかという疑問に，数理的に答えることができます．その答を一言でいうと，単純なタイリングパターンにある規則に基づいた変形を与えていけばよいということになります．これについては，これからくわしく見ていくことにしましょう．

一方で，単純なタイリングから出発してどんどん複雑なものに変形する方法がわかったとして，それをエッシャー作品のような芸術性をもったアートに仕上げるためにはどうしたらよいでしょうか．これについてヒントとなると思われることを，エッシャーの長男であるジョージ・エッシャーが書いています ([13])．ジョージによると，エッシャーは，空に浮かぶ雲や壁に残された汚れなどの普通はランダムに見える形の中に，動物の形を読み取ることが得意だったそうです．

1938年にエッシャーの家族は，ベルギーの首都ブリュッセルの近くに家を借りました．その家のトイレの壁には，緑，黄，赤，茶のペンキを散らしてブラシでこすったようなタッチで，不規則な渦巻きがたくさん描かれていました．エッシャーは，このトイレに入るたび，鉛筆で壁の模様の線を強調し，数カ月の間に壁にたくさんの顔を浮かび上がらせました．息子のジョージは，数日に1つぐらいのスピードで増えていく顔の絵を，トイレに入るたびに1つ1つ眺め，新しく顔が増えていないかどうかチェックしていたそうです．

エッシャーは，このようにランダムな模様から意味のある形を浮かび上がらせるのが得意でした．これを生かして，変形したタイルの形に生命を吹き込んだのでしょう．

第I部では，単純なタイリングパターンを変形して複雑なパターンを作る方法をくわしく見ていきますが，細かい議論に入る前に，その基本的な考え方の道筋を例で見ておくことにしましょう．

図1.1に示したのは，正方形のタイルで平面が埋め尽くされたタイリングパターンです．もっとも簡単なタイリングの1つでしょう．中央の太線で示した1つの正方形がもとになるタイルで，このタイルのコピーがそのまわりに敷き詰められて平面が覆われています．

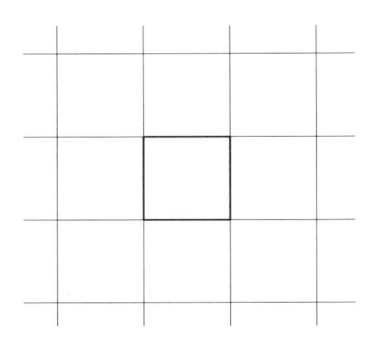

図 1.1　正方形で平面を埋め尽くす単純なタイリングパターン.

いま，正方形のタイルに，表と裏，上下左右の区別がついているとしましょう．図 1.1 のタイリングパターンを見ただけでは，このタイルのコピーがどのように移されて敷き詰められたかはわかりません．平行移動で移されたのか，回転して向きが変わっているのか，あるいは裏返して置かれているのかなどは不明です．この区別を表すために，図 1.2(a) に示すように，タイルに文字 F が印刷されているとしましょう．この文字をタイルのコピーにも残すことにすれば，タイルがどのように移されたかがわかるようになります．

たとえば，タイルのコピーを縦と横に平行移動しながら敷き詰めると，図 1.2(a) のようになります．この図の 2 つの矢印は，基本となる平行移動の方向と距離を表しています．この基本の平行移動を，矢印と反対側へ同じ距離だけ動かす操作も含めてくり返すことによって，平面全体を覆うことができます．

タイルの辺が，移った先でどのように隣り合うかに着目しましょう．そのために図 1.2(b) の中央のタイルに示したように，タイルの辺に反時計回りの向きをつけ，その順に a, b, c, d とラベルをつけることにします．そして，タイルを敷き詰めるとき，このラベルもいっしょにコピーします．このとき，タイルのそれぞれの辺の反対側にどのようなラベルと向きの辺がくるかは，図 1.2(b) に示す破線のタイルから読み取ることができます．この図からわかるように，a と c のラベルをもつ辺が逆向きに隣り合い，b と d のラ

(a)

(b)

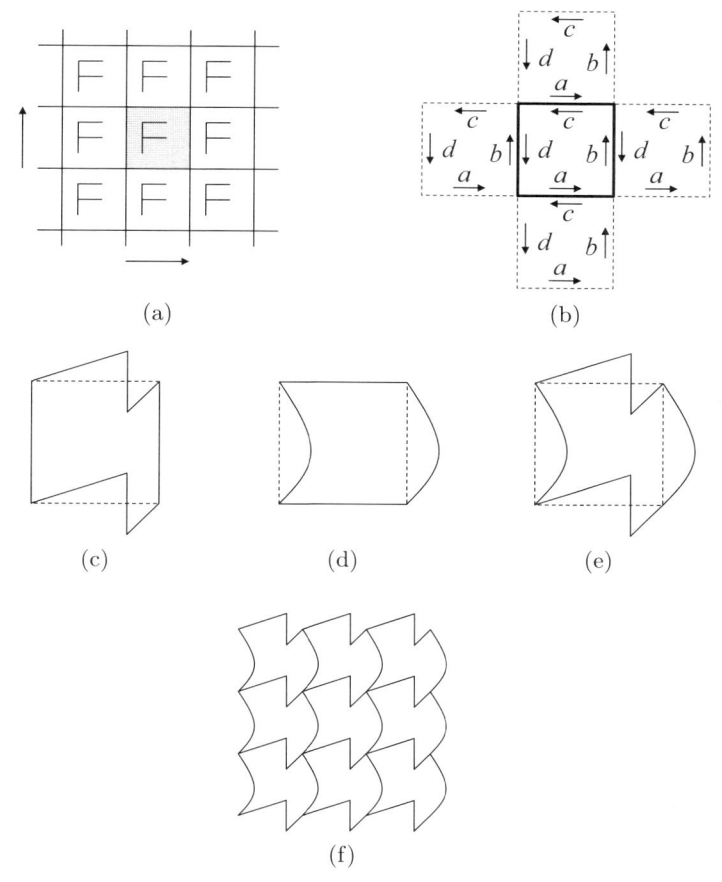

(c)

(d)

(e)

(f)

図 1.2 2組の平行移動による正方形タイルの敷き詰め.

ベルをもつ辺も逆向きに隣り合います．

このように，タイルの辺同士の隣り合い方がわかると，タイリングという性質——すなわち隙間も重なりもなく平面を覆いつくすという性質——を保ったまま，タイルを変形することができます．

まず，a と c のラベルが向かい合った辺に勝手な変形を施してみましょう．ただし，図 1.2(b) の中央のタイルからわかるように，そのような辺は上側と下側に2つありますから，一方に変形を施したときには，もう一方

にも同じ変形を施さなければなりません．変形の例を図 1.2(c) に示します．この図のように，正方形タイルの上の辺に施した変形と下の辺に施した変形は同じものでなければなりません．

図 1.2(b) では，b と d のラベルも隣り合っています．この辺には，上とは別の変形を施すことができます．ただし，b と d のラベルが隣り合った辺は右と左にありますから，これらには同じ変形を施さなければなりません．その変形の例を図 1.2(d) に示しました．

図 1.2(c) に示すように，正方形タイルの上下の辺に同じ変形を施し，(d) に示すように左右の辺にそれとは別の同じ変形を施した結果を合成したのが図 1.2(e) です．そして，これと同じ変形をすべてのタイルに施した結果が，図 1.2(f) です．この図からわかるように，変形後のタイルでも，隙間も重なりもなく平面が覆われています．すなわち，図 1.2(a) の単純なタイリングから，図 1.2(f) の複雑なタイリングを作ることができました．このように，単純なタイリングから複雑なタイリングを作るためにタイルを変形する操作を，ここではエッシャー化 (Escherization) とよぶことにしましょう．

同じタイリングでも，敷き詰め方が変われば，許される変形の種類も変わってきます．

図 1.3(a) には，別の敷き詰め方の例を示しました．中央のタイルに対して，左下の角を中心とする 90 度の回転をくり返します．そうすると 4 枚のタイルを使って 1 周する面積 4 倍の大きさのタイルの単位ができます．次にそれを縦と横にその 1 辺の長さを単位として平行移動させると，図 1.3(a) に示すように，タイルのコピーがまわりに置かれていきます．この方法でも平面を埋め尽くすことができ，タイリングパターンが得られます．

図 1.3(a) に示した小さい黒の四角は，この点のまわりでタイルに 90 度の回転を施すことを表し，矢印はタイルの平行移動の方向と距離を表します．

図 1.3(a) のタイルの置き方に対して，タイルの辺がどのように重なり合うかを示したのが，図 1.3(b) です．今度は，a と d のラベルが向き合い，b と c のラベルも向き合います．そこで，これら 2 組の辺に対して，それぞれ勝手な変形を施してみましょう．ただし，a と d のラベルが向き合う辺は，中央のタイルの下と左にありますから，これらには同じ変形を施さなければ

(a)   (b)

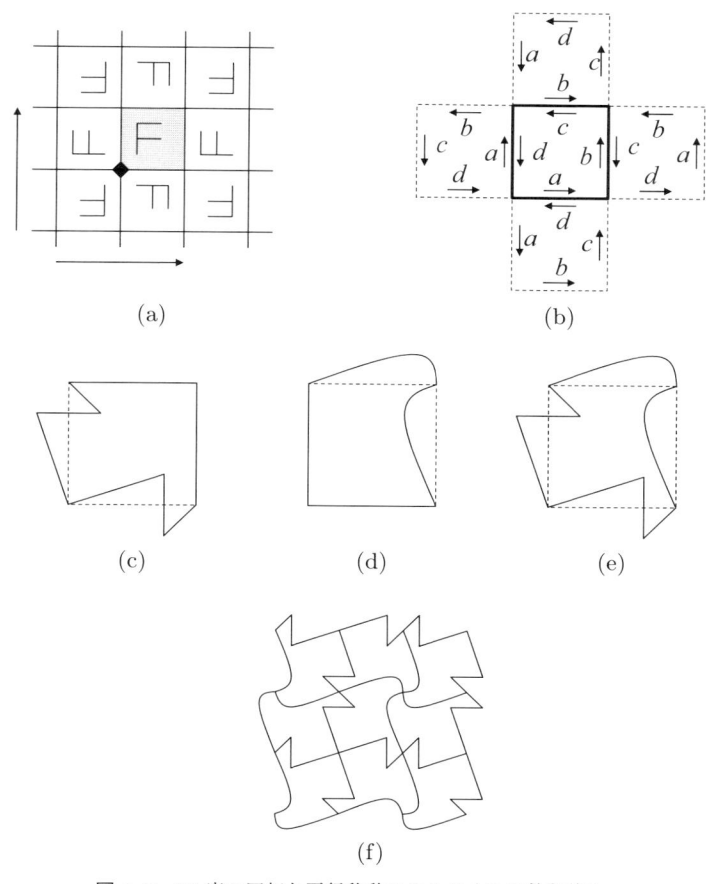

(c)   (d)   (e)

(f)

図 **1.3**　90 度の回転と平行移動によるタイルの敷き詰め．

なりません．これらの辺に変形を施した例を図 1.3(c) に示しました．同様に，b と c のラベルが隣り合う辺は中央のタイルの右と上にありますから，これらには，同じ変形を施さなければなりません．そのような変形の例を図 1.3(d) に示しました．(c) と (d) の変形を合成すると (e) に示すタイル変形が得られます．そして，この変形をタイリング全体に施すと，図 1.3(f) となります．この図からもわかるように，この変形を施しても，タイルには重なりも隙間も生じることはありません．こうして新しい変形が得られます．

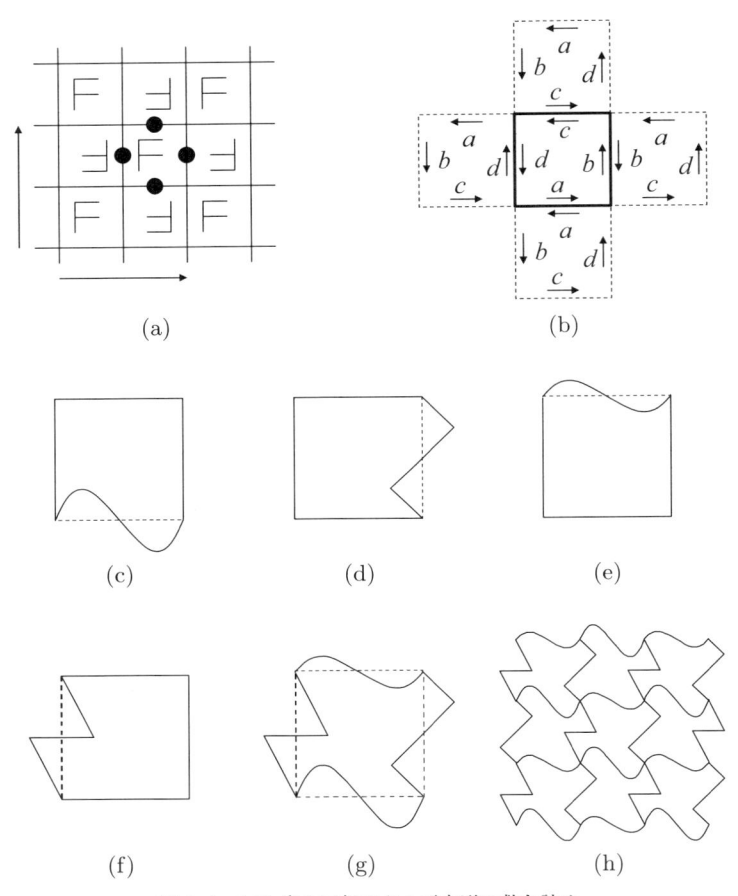

図 1.4 180 度の回転による正方形の敷き詰め.

このタイリングは，図 1.2(d) とはパターンの異なるものです．

図 1.4(a) に，正方形タイルの置き方の例をもう 1 つ示しました．こんどは，正方形の 4 つの辺のそれぞれの中点を中心として，タイルを 180 度回転させます．こうして得られた新しいタイルの辺の中点において，同様の回転をくり返します．この操作によっても図 1.1 のタイリングが得られます．

このようなタイルの置き方によってタイルの辺同士がどのように重なるかを示したのが図 1.4(b) です．この図からわかるように，それぞれの辺では，

同じラベルをもち逆の向きをもった辺同士が向かい合っています．

このように，ラベルが等しく，向きが逆の辺が重なったところでは，辺の中点に関して点対称な変形のみが許されます．なぜなら，タイルを中点のまわりで 180 度回転させたとき，辺同士がぴったり重なり合わなければならないからです．

図 1.4(c), (d), (e), (f) には，正方形の 4 つの辺に，それぞれ独立に点対称な変形を施した例を示しました．これらの 4 つの辺のタイル変形をすべて同時に施した結果が図 1.4(g) です．そして，このタイル変形をすべてのタイルに施した結果が図 1.4(h) です．ここでも，変形後のタイルが，隙間も重なりもなく平面を覆っていることがわかります．

いままで図 1.2, 1.3, 1.4 で示したように，タイルの置き方を決めると，タイルに施すことのできる変形の規則が決まり，その規則にのっとってタイルを変形すれば，簡単なタイリングから複雑なタイリングを作ることができます．エッシャーも，この方法を利用し，そこにさらに芸術性を盛り込むことによって多くの作品を作りました．

いま，図 1.2, 1.3, 1.4 に 3 種類のタイルの置き方を示しましたが，ここで注意していただきたいことがあります．それは，このタイルの置き方を混ぜ合わせても正方形のタイルを敷き詰めることはできますが，その場合には変形ができないということです．いずれかの規則にしたがってタイルを変形すると，それとは別の置き方をしたタイルに重なりや隙間が生じてしまいます．したがって，タイルの置き方のパターンを決めたら，それを平面全体にわたって適用しなければならないのです．このように 1 つの置き方のパターンを平面全体に適用するという操作は，「変換群」とよばれる代数的な構造によって特徴づけることができますが，これについては次の章でじっくり学ぶことにしましょう．

本書の第 I 部では，タイルの置き方の規則としてどのようなものが許されるのか，それによってどのような基本的タイリングパターンが得られるのか，そして，そのそれぞれにどのようなタイル変形が許されるのかを見ていきます．これによって，エッシャーのタイリングアートの魔法の一端を理解できるでしょう（文献 [25], [41]）．

エッシャーは，この方法を基本として使いながら，それにさらに多くの技法を付加して，さまざまなタイリングアートを作っています．その技法の中には，タイルを2種類以上のグループに分けて別の変形を施す方法，タイルの連続変形を利用する方法，非ユークリッド平面でのタイリングを利用する方法などが含まれます．これらの技法についても見ていくことにしましょう．

2
タイリングの基本パターン

　本章では，エッシャー化を施すことのできるタイリングパターンにはどのようなものがあるかを調べます．エッシャー化という変形は，どんなタイリングにでも施せるわけではありません．前章で見たように，正方形を敷き詰めたタイリングでも，1つ1つのタイルがどのような規則で敷き詰められているかによって，許される変形は異なります．しかもその規則は全体にわたって一様でなければなりません．さもないと，規則が変わるところでタイル変形に不整合が生じて，隙間ができたり，重なりが生じたりしてしまうからです．まず，同一のタイルで平面を埋め尽くす一様な規則を「変換群」という概念でとらえ，次にそれから生成されるタイリングの基本パターンが17種類に分類できることを紹介します．

加藤茉奈 作：「兎」，2007.

2.1 タイリングとは

自分自身と途中で交差することのない平面上の1つの閉じた曲線を C としましょう．平面は C によって内側と外側に分けられます．C 上の点と C の内側の点をすべて集めてできる集合を，**図形** (figure) とよび，C をこの図形の**境界** (boundary) ということにします．

平面を有限種類の図形で，境界以外に重複も隙間もなく埋め尽くしたパターンを**タイリング** (tiling) あるいはタイル貼りといい，タイリングに使われる図形を**タイル** (tile) といいます．図 2.1 には，長方形の形をした 1 種類のタイルを使ったタイリングの例を 2 つ示しました．

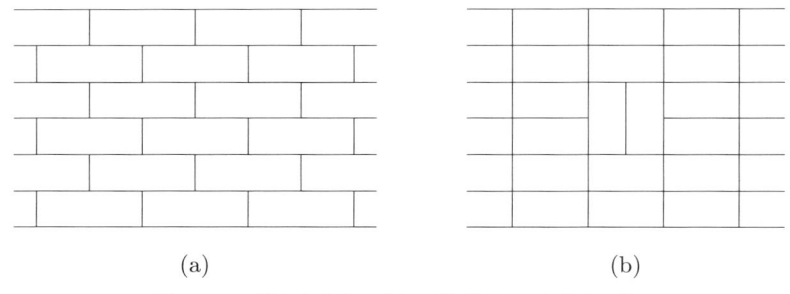

図 **2.1** 一様なタイリングと一様ではないタイリング．

図 2.1 の (a) のタイリングはタイルが同じ向きに規則的に並べられて作られていて，タイリング全体を平行移動によって動かして自分自身とぴったり重ねることができます．一方，同図の (b) のタイリングでは，2 枚のタイルだけが縦の向きに置かれ，残りのタイルはすべて横の向きに置かれていますから，平面全体にどのように平行移動を施しても，もとのタイリングとぴったり重なることはありません．この意味で，図 2.1(a) のタイリングは一様ですが，一方，図 2.1(b) のタイリングは一様ではありません．前者のタイリングがもつ一様性という性質は，少しあとで周期性という概念によってもう少し明確に特徴づけられます．

本章では 1 種類のタイルのみを使った一様性をもつタイリングについて

調べます．ここでの目的は，どのような種類のタイリングがあるかを調べて，それらを分類することです．そのためには，タイルの形を決めてからその敷き詰め方を考えるという素朴な方法では見通しが立てにくいので，まず一様性をもつタイリングが満たすべき性質を明らかにして，次にそれを満たす基本図形としてのタイルとその置き方を調べるという方法をとります．その準備として，「写像」と「群」という概念が必要となりますから，まずそれについて見てみましょう．

2.2 長さを変えない写像

　平面上の点全体がなす集合を $\mathbf{R}^2$ で表します．そしてこれを平面 $\mathbf{R}^2$ などとよびます．

　平面を表すのになぜこの記号が使われるのかを少し説明しましょう．数学では，実数全体がなす集合を $\mathbf{R}$ で表すのが慣例となっています．実数のことを英語では real numbers といいますが，その頭文字が使われていると思うと覚えやすいでしょう．

　一方，集合 A の要素 a と集合 B の要素 b の対 (a,b) をすべての要素の組合せについて作ってできる集合を A と B の積集合 (product set) とよび，$A \times B$ で表します．平面上に1つの xy 座標系を固定すると，任意の点は，その点の x 座標と y 座標の対で表すことができます．すなわち，2個の実数がなす対によって平面上の1点が表されます．したがって，平面上の点の全体は $\mathbf{R} \times \mathbf{R}$ の要素全体とみなすことができます．$\mathbf{R} \times \mathbf{R}$ は同じ集合 $\mathbf{R}$ の積ですから，2乗の記号を借用して，平面全体を $\mathbf{R}^2$ と表すのです．

　任意の点 $\mathrm{P} \in \mathbf{R}^2$ に対して，平面上の点 $f(\mathrm{P}) \in \mathbf{R}^2$ が対応するとき，f を $\mathbf{R}^2$ から $\mathbf{R}^2$ への写像 (mapping) といい，$f(\mathrm{P})$ をこの写像による P の像 (image) といいます．

　たとえば $\boldsymbol{v} = (v_x, v_y)$ を1つの2次元ベクトルとするとき，点 P から $\boldsymbol{v}$ が表す方向と長さだけ平行に移動したとき到達できる点を $f_{\boldsymbol{v}}(\mathrm{P})$ と置くと，この $f_{\boldsymbol{v}}$ は，$\mathbf{R}^2$ から $\mathbf{R}^2$ への写像となります．写像 $f_{\boldsymbol{v}}$ は並進 (translation) とよばれます．

f を $\mathbf{R}^2$ から $\mathbf{R}^2$ への写像とします．「任意の点 P, Q $\in \mathbf{R}^2$ に対して，P $\neq$ Q ならば $f(\mathrm{P}) \neq f(\mathrm{Q})$ である」という性質がなりたつとき，f は**単射** (injection) であるといいます．すなわち，f が単射であるとは，異なる点の像はいつも異なることを意味します．また「任意の点 Q $\in \mathbf{R}^2$ に対して，$f(\mathrm{P}) = \mathrm{Q}$ を満たす点 P が存在する」という性質がなりたつとき，f は**全射** (surjection) であるといいます．すなわち，f が全射であるとは，平面上のどの点 Q に対しても，そこへ移る点 P が存在することを意味しています．f が全射でかつ単射であるとき，f は**全単射** (bijection) あるいは **1 対 1 写像** (one-to-one mapping) であるといいます．

f が全単射であるとしましょう．このとき，任意の Q $\in \mathbf{R}^2$ に対して，$f(\mathrm{P}) = \mathrm{Q}$ を満たす P がちょうど 1 つ存在します．この P を $f^{-1}(\mathrm{Q})$ と書きます．f^{-1} も $\mathbf{R}^2$ から $\mathbf{R}^2$ への写像で，しかも全単射となります．f^{-1} を f の**逆写像** (inverse mapping) といいます．

タイリングでは，タイルに相当する基本図形を場所と向きを変えながら平面へ敷き詰めていきます．この作業は，1 つのタイルから出発し，そのコピーを別の場所へ置く操作のくり返しとみなすことができるでしょう．コピーを別の場所へ置くことは，もとのタイル内の点を別のタイルの対応する点へ写像することとみなせます．こう考えると，私たちに必要な写像はタイルの形を変えない写像であることがわかります．このような写像は，次に述べる「等長」という性質によって特徴づけることができます．

2 点 P, Q $\in \mathbf{R}^2$ に対して，P の座標を (x_1, y_1)，Q の座標を (x_2, y_2) とします．P と Q の距離を

$$d(\mathrm{P}, \mathrm{Q}) = \sqrt{(x_1 - x_2)^2 + (y_1 - y_2)^2} \qquad (2.1)$$

と置きます．$d(\mathrm{P}, \mathrm{Q})$ は，P と Q の**ユークリッド距離** (Euclidean distance) とよばれます．任意の P, Q $\in \mathbf{R}^2$ に対して，$d(\mathrm{P}, \mathrm{Q}) = d(f(\mathrm{P}), f(\mathrm{Q}))$ がなりたつとき，すなわち写像 f が 2 点間の距離を不変に保つとき，f を**等長写像** (isometric mapping) といいます．等長写像は，どの 2 点間の距離も変えませんから，図形の形を変えない写像です．

等長写像の例には次のようなものがあります．

(1) 並進

$\boldsymbol{v}$ を任意の 2 次元ベクトルとします．$f_{\boldsymbol{v}}(\mathrm{P}) = \mathrm{P} + \boldsymbol{v}$ で表される写像 $f_{\boldsymbol{v}}$ は**並進** (translation) とよばれますが，これは等長写像です．ただし，上の $\mathrm{P} + \boldsymbol{v}$ は，点 P の位置ベクトルとベクトル $\boldsymbol{v}$ との和を位置ベクトルとする点を表すものとします．

(2) 鏡映（線対称写像）

l を平面上の直線とします．平面を l を軸として 3 次元空間で 180 度回転させると，もとの平面と一致しますから，これは $\mathbf{R}^2$ から $\mathbf{R}^2$ への全単射であり，等長写像でもあります．この変換は，l に関する**鏡映** (mirroring) あるいは**線対称写像** (reflection) とよばれます．l に関する鏡映は，直観的には，両面が鏡になった板を l に沿って平面に垂直に立ててその鏡に写った像を対応させる写像とみなすことができます．また，平面を，l を動かさないで裏返す操作とみなすこともできます．

(3) 回転

任意の実数 θ に対して，平面 $\mathbf{R}^2$ を点 P のまわりに反時計回りに角度 θ だけ回転させる変換を $f_{\mathrm{P},\theta}$ と置きます．$f_{\mathrm{P},\theta}$ は P のまわりの角度 θ の**回転** (rotation) とよばれます．$f_{\mathrm{P},\theta}$ も，全単射であり等長変換でもあります．回転のうち，とくに $\theta = 180$ 度のものを**点対称写像** (central reflection) といいます．

(4) 並進鏡映

$\boldsymbol{v}$ を 2 次元ベクトルとし，l を $\boldsymbol{v}$ に平行な直線とします．点に $\boldsymbol{v}$ で表される並進を施し，そのあと直線 l に関して鏡映をとるという操作によって得られる写像を**並進鏡映** (glide reflection) といいます．並進鏡映も等長写像です．

タイリングのためには，上に述べた 4 種類の等長写像を考えれば十分です．

2.3 写像の合成と群

1つのタイルから出発して，等長写像を次々と施すことによって平面全体を埋め尽くすのが私たちのやりたいことです．しかし，勝手な等長写像を勝手な順序で施したのでは，タイルが重なったり隙間ができたりしてしまいます．そのような不都合が生じないようにタイルを敷き詰める方法を見通しよく見つけるために，「群」とよばれる代数構造に着目します．

G を集合としましょう．任意の要素 $x, y \in G$ に対して，G の要素 $x \circ y$ を作る演算 $\circ$ が定義されているとします．集合と演算の組 $(G, \circ)$ は，次の条件が満たされるとき**群** (group) とよばれます．

(i) 任意の $x, y, z \in G$ に対して，$(x \circ y) \circ z = x \circ (y \circ z)$ がなりたつ．
(ii) 任意の $x \in G$ に対して，$x \circ e = e \circ x = x$ を満たす $e \in G$ が存在する．
(iii) 任意の $x \in G$ に対して，$x \circ x^{-1} = x^{-1} \circ x = e$ を満たす $x^{-1} \in G$ が存在する．

条件 (i) は，3つの要素の間の2つの演算は，どちらを先に施しても同じ結果になることを意味しています．この性質は**結合律** (associative law) とよばれます．演算の順序を入れ換えてもよいということと，要素の順序を入れ換えてもよいということとは別のことなので注意してください．結合律が満たされていても，一般に $x \circ y$ と $y \circ x$ が等しいとは限りません．

条件 (ii) は，G の任意の要素 x と，特別な要素 e との間で演算を施した結果が x のままであることを表しています．すなわち e は相手を変化させません．この e は，**単位元** (neutral element) とよばれます．

条件 (iii) の中の x^{-1} は，x の**逆元** (inverse element) とよばれます．G の任意の要素 x に対してつねに逆元 x^{-1} が存在し，x と x^{-1} に演算 $\circ$ を施した結果は単位元となることを条件 (iii) は要請しています．

$(G, \circ)$ が群であるとき，集合 G は演算 $\circ$ に関して群をなすともいいます．考えている演算 $\circ$ が明らかなときは，それを省略して，単に G を群とよぶ

こともあります．

f と g を $\mathbf{R}^2$ から $\mathbf{R}^2$ への等長写像としましょう．点 $\mathrm{P} \in \mathbf{R}^2$ にまず写像 g を施し，その結果に写像 f を施すと，点 $f(g(\mathrm{P})) \in \mathbf{R}^2$ が得られます．このように，P に $f(g(\mathrm{P}))$ を対応させる操作も，$\mathbf{R}^2$ から $\mathbf{R}^2$ への等長写像です．この等長写像を f と g の合成といい，$f \circ g$ で表します．

等長写像の全体は群をなします．このことは次のようにして確認できます．

まず結合律について見てみましょう．簡単のために等長写像 f は回転と並進の合成であるとします．図 2.2 に示すように，平面 $\mathbf{R}^2$ を 1 枚の板に見立てて，もとの平面を下側の板，写像を施したあとの平面を上側の板と考え，f によって点がどのように移ったかを下の板と上の板のずれ具合で表すことにしましょう．図では，板は有限の大きさに描いてありますが，これは，無限に広がった板は描くことができないから，やむなくそうしたのです．この板が無限に広がっていて平面 $\mathbf{R}^2$ 全体とみなせる状態を想像してください．

写像を施す前には，図 2.2(a) に示すように，2 枚の板はぴったり一致しています．写像 f を施すと平面上の各点は別の点に移りますが，図 2.2(b) に示すように，そのいき先まで上の板をずらすとしましょう．f による平面上の点の移動は形を変えませんから，板を変形させる必要はなく，単に板全体をずらすだけでいき先が表せるはずです．鏡映などが加わるときには板を裏返す操作も必要となりますが，いずれにしろ等長写像は，このように写像

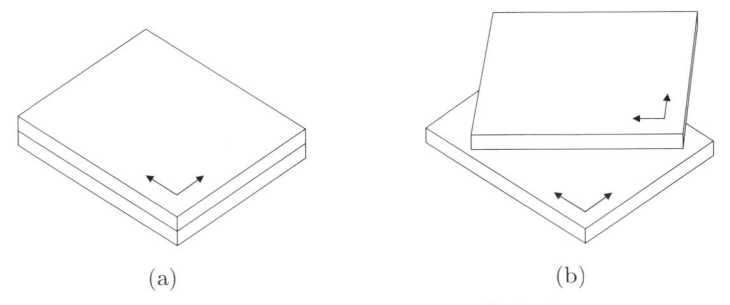

図 **2.2** 板のずれによって表される等長写像．

を施す前の平面を表す下側の板と,写像を施したあとの平面を表す上側の板のずれ具合によって表現できます.

次に f, g, h を 3 つの等長写像とします.そして図 2.3(a) に示すように 4 枚の板をぴったり重ね,下から順に,A, B, C, D と名づけましょう.写像 f を A と B のずれで,写像 g を B と C のずれで,写像 h を C と D のずれで表すことにします.$(f \circ g) \circ h$ を考えてみましょう.ここでは,まず f と g の合成写像を作りますが,これは図 2.3(b) に示すように,A と B,B と C をそれぞれ f と g を表すようにずらすことによって得られます.$(f \circ g) \circ h$ は,図 2.3(c) に示すように,そのあとでさらに写像 h に対応するように C と D をずらすことによって得られます.一方,$f \circ (g \circ h)$ は,図 2.3(d) に示すように,まず写像 g を表すように B と C をずらし,写像 h を表すように C と D をずらしてから,最後に写像 f を表すように A と B をずらすことによって得られますから,やはり同図の (c) に一致します.このように,隣り合う板のずれが写像を表しますから,どの板を先にずらしても最終結果は同じになります.したがって $(f \circ g) \circ h = f \circ (g \circ h)$ がなりたつことがわかります.すなわち群の条件 (i) がなりたちます.

任意の点 $P \in \mathbf{R}^2$ を P 自身へ移す写像は**恒等写像** (identity mapping) とよばれます.恒等写像も等長写像であり,これは合成に関する単位元です.したがって群の条件 (ii) がなりたちます.

等長写像 f は全単射ですから,逆写像 f^{-1} が存在します.図 2.2(b) で見たように,写像 f を下の板を上の板へ動かすずれで表すことにすると,逆写像 f^{-1} は,上の板と下の板を交換することによって表すことができます.このことからも,任意の f に対して逆写像 f^{-1} が存在することが理解できるでしょう.したがって群の条件 (iii) もなりたちます.

以上から,等長写像の全体は群をなすことがわかります.

1 枚のタイルに等長写像を施し,移った先にそのタイルのコピーを置くことをくり返して平面全体を埋め尽くしたいのですが,そのためには,すべての等長写像を考えたのでは写像が多過ぎます.なぜなら,どんな形と大きさのタイルを用意しても,ほんの少しだけずらすという並進ではタイル同士が重なってしまうからです.そこで,等長写像の中のほんの一部分のみを使っ

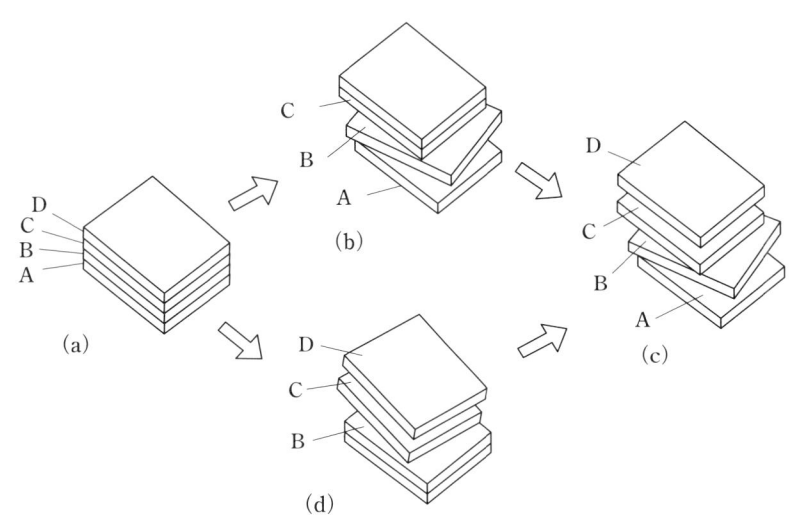

図 **2.3** 3 つの等長写像の合成とその順序.

てタイルを移すことを考えましょう．そのために必要な概念が，次に述べる「部分群」です．

$(G, \circ)$ を群とします．G の部分集合 $G' \subset G$ に対して，$(G', \circ)$ が群をなすとき，$(G', \circ)$ を $(G, \circ)$ の**部分群** (subgroup) といいます.

たとえば，並進の全体は，等長写像の全体が作る群の部分群です．また，原点のまわりの回転の全体も，等長写像の全体が作る群の部分群です．

H を G の部分集合とします．H 自身は必ずしも群をなすとは限りません．H を含む G の部分群で最小のものを，H から**生成される部分群** (generated subgroup) といいます．H が与えられたとき，(i) H の 2 つの要素に演算 $\circ$ を施す，(ii) H の要素の逆元を作る，という 2 つの操作で新しい要素が生まれたらそれを H に加えるということを，新しい要素が生まれなくなるまでくり返して得られる集合が，H から生成される部分群に一致します．

2 次元ベクトル $\boldsymbol{v}$ だけ並進させる写像を $f_{\boldsymbol{v}}$ と置きます．$H = \{f_{\boldsymbol{v}}\}$ に対して，集合 G' を

$$G' = \{f_{k\boldsymbol{v}} \mid k = 0, \pm 1, \pm 2, \dots\} \tag{2.2}$$

と置きます．$k > 0$ のとき，f_{kv} は，平面を $\bm{v}$ だけ並進させるという操作を k 回くり返す操作に対応します．一方，$k < 0$ のときには，ベクトル $\bm{v}$ とは逆方向に $|k|$ 回並進させる操作に対応します．G' は H から生成される部分群となります．

2.4　周期的なタイリング

G を，等長写像がなす群の部分群とします．$\mathrm{P} \in \mathbf{R}^2$ を任意の点とします．G に属す写像によって P が移る先の全体を S とします．すなわち

$$S(\mathrm{P}) = \{f(\mathrm{P}) \mid f \in G\} \tag{2.3}$$

です．正の数 d が存在して，S に属すどの 2 点も距離が d 以上であるとき，G は**不連続** (discontinuous) であるといい，不連続な群を**不連続群**といいます．

たとえば，式 (2.2) で定められる部分群 G' に対しては，図 2.4(a) に示すように任意の点 P から出発して G' に属す写像を施すと，ベクトル $\bm{v}$ に平行な 1 直線上に $\bm{v}$ の長さ $|\bm{v}|$ に等しい間隙で P の像が並びます．したがって $d = |\bm{v}|$ と置けば，この d は上の条件を満たしますから，式 (2.2) で定まる G' は不連続となります．

一方，図 2.4(b) に示すように，ある固定点 O のまわりで θ だけ回転する写像 $f_{\mathrm{O},\theta}$ をすべての実数 θ に関して集めたものを

$$G'' = \{f_{\mathrm{O},\theta} \mid \theta \in \mathbf{R}\} \tag{2.4}$$

と置くと，θ はどれだけでも小さな正の値をとることができますから，P とその像 $f_{\mathrm{O},\theta}(\mathrm{P})$ はどれだけでも接近することができます．したがって，式 (2.4) で定まる G'' は不連続ではありません．

G が不連続の場合には，点 P が移る先の全体 $S(\mathrm{P})$ は互いに離れた点となります．そこで，点 P のまわりに生成した非常に小さい領域を少しずつ成長させることを考えます．G に属す写像によるその領域の像が，互いに重ならない範囲で領域を広げていったとき，ラッキーな場合では，その領域

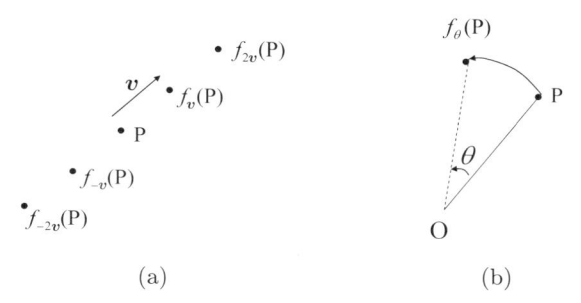

図 2.4　不連続な等長変換群とそうでない等長変換群.

の像が互いに重なることなく平面を埋め尽くすことができるかもしれません．これを期待して，次のような領域を定義しましょう．

D を平面 $\mathbf{R}^2$ 内の領域とします．G に属す写像による D の像の全体が平面 $\mathbf{R}^2$ を覆い，かつ D がそのような性質をもつ最小のものであるとき，D を**基本領域** (fundamental domain) といいます．領域 D は，十分大きな円に含まれるとき（言い換えると，無限遠方まで延びていないとき）**有界である** (bounded) といわれます．基本領域 D が有界で，その像の全体 $\{f(D) \mid f \in G\}$ が境界以外では点を共有しないとき，$\{f(D) \mid f \in G\}$ は，D をタイルとするタイリングとなります．

タイリングは，互いに平行でない 2 つの方向の平行移動で，それぞれそれを施したときもとのタイリングとぴったり一致するものがあるとき，**周期的タイリング** (periodic tiling) とよばれます．周期的でないタイリングは**非周期的タイリング** (nonperiodic tiling) とよばれます．上の方法で作られたタイリング $\{f(D) \mid f \in G\}$ は，のちに見るとおり，すべて周期的タイリングとなります．

例で見てみましょう．x 軸に平行なベクトル $\boldsymbol{u}$ で定まる並進 $f_{\boldsymbol{u}}$ から生成される群を G_1 とします．この場合には，図 2.5 の網領域で示すように，y 軸を中心とする幅 $|\boldsymbol{u}|$ の帯領域

$$D_1 = \left\{(x, y) \in \mathbf{R}^2 \ \middle| \ -\frac{|\boldsymbol{u}|}{2} \leq x \leq \frac{|\boldsymbol{u}|}{2}\right\} \tag{2.5}$$

は，G_1 の基本領域となります．G_1 の基本領域はほかにもたくさんありま

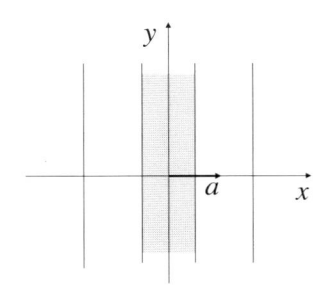

図 2.5　1 つの並進によって生成される等長変換群の基本領域.

すが，しばらくは，この D_1 のように単純なものを考えることにします．

次に，$\boldsymbol{u}$ とは平行でないもう 1 つのベクトル $\boldsymbol{v}$ を固定し，2 つの並進 $f_{\boldsymbol{u}}$, $f_{\boldsymbol{v}}$ から生成される群を G_2 とします．この場合には，図 2.6 に実線で示すように，$\boldsymbol{u}$ と $\boldsymbol{v}$ を 2 辺とする平行四辺形

$$D_2 = \left\{ s\boldsymbol{u} + t\boldsymbol{v} \in \mathbf{R}^2 \;\middle|\; -\frac{1}{2} \leq s, t \leq \frac{1}{2} \right\} \tag{2.6}$$

が，G_2 の基本領域となります．D_2 は有界で，かつ $f \in G_2$ による D_2 の像

$$f(D_2) = \{ f(\mathrm{P}) \in \mathbf{R}^2 \mid \mathrm{P} \in D_2 \} \tag{2.7}$$

の全体は，図 2.6 の破線で示すように互いに境界以外には共通部分をもたないので，周期的タイリングを生成します．これはもっとも単純な周期的タイリングの例です．

等長変換群が与えられたとき，それに対応する基本領域は必ずしも一意に決まるわけではありません．一般に無限に多くの可能性があります．たとえば，2 組の並進から生成される変換群に対しては，図 2.6 の他にも，図 2.7 の (a), (b) などの基本領域を作ることができます．

2.5　17 種類の周期的タイリング

周期的なタイリングで本質的に異なるものを生成する等長変換群は 17 種類しかないことがわかっています（やさしい解説は文献 [1], [18] などにもあ

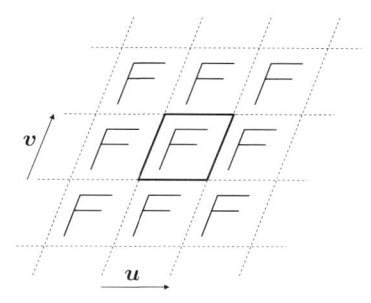

図 2.6　2 つのベクトルによる並進から生成される群．

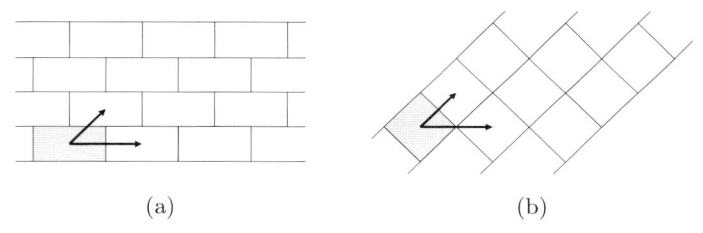

図 2.7　同一の並進で生成される群に対する異なる基本領域の例．

ります）．それらのくわしい議論は [16], [24] などの文献を参照していただくことにして，以下では，17 種類のタイリングを生成する変換の組とそれに対応するタイリングの例を示すことにしましょう．また，これらのタイリングの分類に国際的に共通の記号が使われていますが，それも示します．

(1) 2 方向の並進 (p1)

u と v を互いに平行ではない 2 次元ベクトルとします．並進 f_u, f_v から生成される群は，u と v を 2 辺とする平行四辺形を基本領域とするタイリングを生成します．これは，すでに図 2.6 で見たとおりです．また，この部分群の基本領域には，他の形があることも図 2.7 の例で見てきました．このタイリングは p1 という記号で表されます．

2 つのベクトル u, v を別のものに取り替えれば，もちろんそれによって生成されるタイリングは，図 2.6 のものとは異なります．しかし，それも同

じ記号 p1 で表します．すなわち，p1 は，互いに平行ではない2つのベクトルで表される並進から生成される不連続な等長変換群の基本領域をタイルとするタイリングの族の総称です．

以下に述べるタイリングの種類も，並進，回転，鏡映，並進鏡映のどのような組合せから生成される変換群かに基づいて分類した結果です．

(2) 並進と点対称変換の合成2組 (p2)

u と v を互いに平行ではない2つのベクトルとします．u だけ並進してそのあと原点のまわりの点対称変換をする写像を $\hat{f}_u$，v だけ並進してそのあと原点のまわりの点対称変換をする写像を $\hat{f}_v$ とします．$\hat{f}_u, \hat{f}_v$ を表すときには，図 2.8(a) に示すように，u, v に対応するベクトルを表す矢印の始点に黒丸をつけることにします．$\hat{f}_u$ と $\hat{f}_v$ で生成される群は図 2.8(a) に示すタイリングを作ります．このタイリングは記号 p2 で表されます．

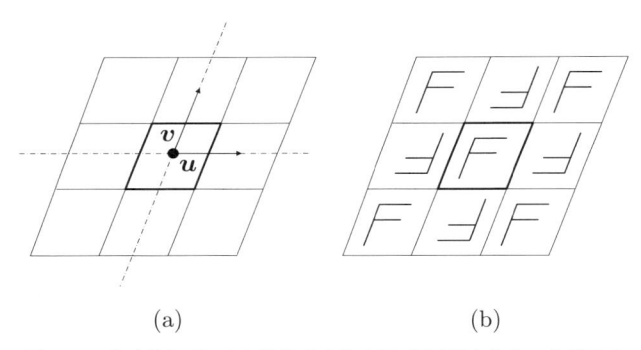

図 2.8 タイリング p2：並進ののち 180 度回転するという操作2組から生成されるタイリング．

この図のタイリングでは，タイルの形は図 2.6 のタイリングと見かけは同じですが，タイルを置く向きは異なることに注意してください．タイルの向きを表すために，ここでは，基準となる1つのタイルに文字 F を貼り付け，この文字にもタイルと同じ変換を施してその結果を示したのが図 2.8(b) です．これによって，タイルが単なる平行移動ではなくて，それに 180 度の回転も加わったものであることがはっきりします．このようなタイルの向き

は，次の章でエッシャータイリングを考える際に非常に重要です．

　タイリング p2 はタイリング p1 ともう 1 つ大きな違いがあります．それは，矢印 u, v を置く場所です．平行移動という操作は，移動の方向と移動距離を与えれば定まります．そしてその方向と距離を与えるのがベクトルです．だから，平行移動を表すベクトル自身は平面のどこに描いてもかまいません．したがって，2 組の平行移動 f_u, f_v から生成されるタイリング p1 では，このタイリングを生成するベクトル u, v を置く場所にとくに意味はありません．u と v を示す矢印は平面上のどこに置いても同じタイリングを生成することに変わりはないのです．

　一方，平行移動のあとに点対称変換の操作も加える写像 $\hat{f}_u$ は，矢印 u を平面上のどこに置くかが意味をもちます．図 2.8(a) では，ベクトル u, v を，平行四辺形のタイルの中心を始点とする矢印で描いてありますが，この位置が大切なのです．矢印 u の始点が終点に移るように平行移動したあと，始点の移った先（すなわち矢印の終点位置）を中心として点対称変換をとる操作が $\hat{f}_u$ であり，したがって，矢印の位置を平面上で動かすと，対応する基本領域（すなわちタイル）の位置も変わります．矢印の位置が意味をもつことを表すために，この図では矢印が乗るべき直線を 1 点鎖線で示しました．

　変換 $\hat{f}_u$ を 2 回続けて施すと，2 回の点対称変換でタイルの姿勢が元に戻るため，u の 2 倍の長さの並進となります．すなわち，$\hat{f}_u \circ \hat{f}_u = f_{2u}$ がなりたちます．同じように $\hat{f}_v \circ \hat{f}_v = f_{2v}$ もなりたちます．したがって，このタイリングはベクトル $2u$ による並進と，ベクトル $2v$ による並進で自分自身と重なります．このようにタイリングは，平行ではない 2 つの方向の並進によって自分自身とぴったり重なるという性質をもっており，周期的であることが確認できます．

　異なる変換の組から生成される変換群が一致するということもよくあります．タイリング p2 は，図 2.8(a) に示したように，並進ののちに点対称変換を施すという 2 つの変換 $\hat{f}_u, \hat{f}_v$ から生成されましたが，これと同じタイリングは別の変換の組からも作ることができます．その例を図 2.9(a) に示し

28   2 タイリングの基本パターン

(a)　　　　　　　(b)

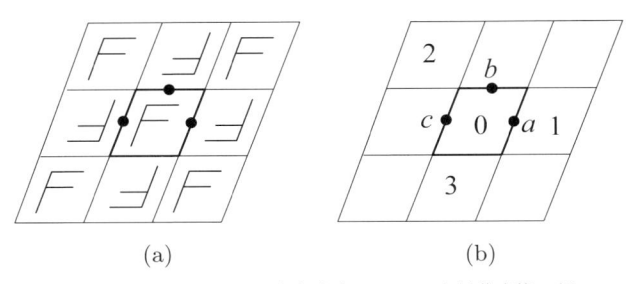

図 **2.9** タイリング p2 を生成する 3 つの点対称変換の組.

ます．この図の黒丸で示した 3 点のまわりの点対称変換を考えます．そして，文字 F が貼り付けられた中央の平行四辺形のタイルから出発して，これら 3 点のまわりの点対称変換を次々と施すと，中央のタイルがまわりへコピーされていき，タイリング p2 が得られます．

実はタイリング p2 のこの作り方は，図 1.4 でも見たものです．図 1.4 では，中心のタイルの 4 辺の中点を中心とする 4 つの点対称変換から出発しましたが，4 つ目は図 2.9 の 3 つの点対称変換の合成によって作られます．このことは次のようにして確認できます．

図 2.9(b) に示すように，3 個の黒丸のそれぞれを中心とする点対称変換を a, b, c と名づけましょう．中央の番号 0 のタイルを a で変換すると，番号 1 のタイルへ移ります．次に b で変換すると番号 2 のタイルへ移り，さらに c で変換すると，番号 3 のタイルへ移ります．このとき偶数番号のタイルは最初のタイルと同じ姿勢となり，奇数番号のタイルは 180° 回転させた姿勢となります．このように a, b, c を順に施した合成変換 $c \circ b \circ a$ は，番号 0 のタイルを番号 3 のタイルに移しますから，中央のタイルの下の辺の中点を中心とする点対称変換となっています．

したがって，変換群を生成する最小限の変換に注目するときには，図 1.4 の 4 個ではなく，図 2.9 の 3 個を考えればよいわけです．

(3) 並進と 2 本の平行線による鏡映 (pm)

互いに平行な 2 つの直線 l, l' と，それらに平行なベクトル $\boldsymbol{v}$ を固定します．l と l' に関する鏡映と並進 $f_{\boldsymbol{v}}$ によって生成される群は，図 2.10 に示す

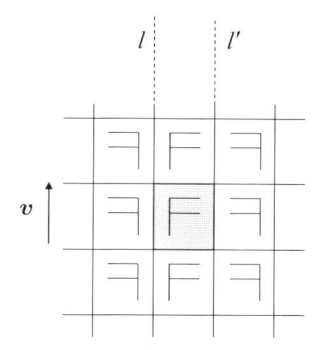

図 **2.10** タイリング pm：並進と 2 つの鏡映から生成されるタイ
リング．

ように，l と l' で挟まれた領域の長さ $|v|$ を 1 辺とする長方形を基本領域とするタイリングを生成します．この図では，鏡映を施す直線を破線で示しました．この記号は以下でも用います．鏡映を施す直線も，その位置が意味をもちます．これを動かすと対応するタイリングも変化するからです．このタイリングは記号 pm で表されます．

(4) 直交する 2 組の平行線対による鏡映 (pmm)

互いに平行な 2 直線 l, l' と，それらに直交し互いに平行な 2 直線 m, m'

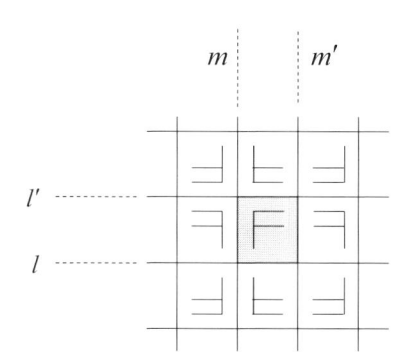

図 **2.11** タイリング pmm：直交する 2 組の平行線対による鏡映
から生成されるタイリング．

による鏡映で生成される群は，l, l', m, m' で囲まれる長方形を基本領域とするタイリングを生成します．このタイリングの例を図 2.11 に示します．このタイリングは記号 pmm で表されます．

(5) 並進鏡映と並進 (pg)

1 つの方向の並進鏡映とそれと直交する方向の並進によって生成される群

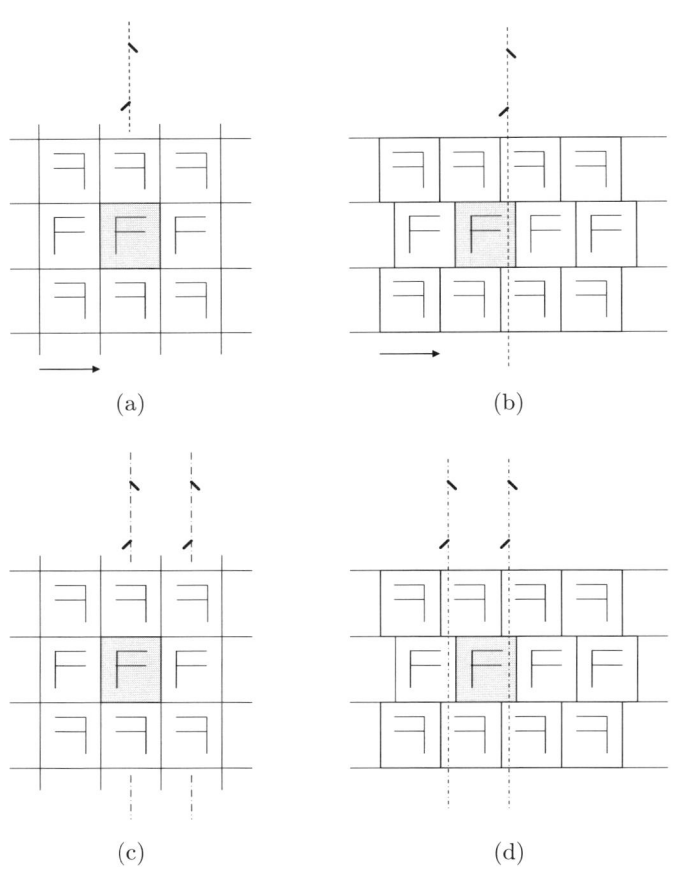

図 **2.12**　タイリング pg：並進鏡映と並進によって生成されるタイリング．

もタイリングを作ります．このタイリングの例を図 2.12 に示します．このタイリングは x 軸方向の並進と y 軸方向の並進鏡映から生成されます．並進鏡映は，鏡映を施す直線を破線で表し，この直線に沿って並進する距離を右に斜めに延びる短い線と左に斜めに延びる短い線の間隔で表しました．この記号は以下でも用います．並進鏡映も鏡映を施す直線の位置が意味をもちます．ここではその直線を 1 点鎖線で示してあります．この図では，基本領域の例を 2 つ示してあります．図の (a) は，この直線がタイルの中心を通る場合で，(b) は中心を通らない場合です．このタイリングは，記号 pg で表されます．

タイリング pg は，図 2.12(c), (d) に示すように，互いに平行で並進距離の等しい 2 つの並進鏡映からも生成されます．(c) は (a) と同じタイリングで，(d) は (b) と同じタイリングです．

(6) 直交する 2 組の並進鏡映 (pgg)

互いに直交する 2 つの方向の並進鏡映で生成される群もタイリングを作ります．このタイリングの例を図 2.13 に示します．このタイリングは，記号 pgg で表されます．

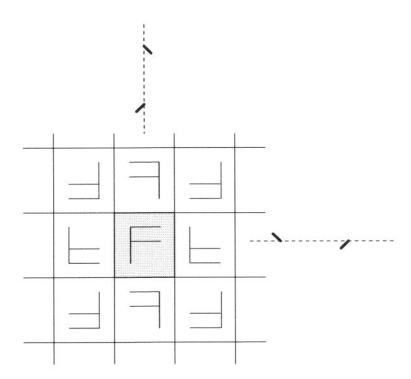

図 2.13 タイリング pgg：直交する 2 組の並進鏡映によって生成されるタイリング．

(7) 並進鏡映と 2 直線による鏡映 (pmg)

1 つの方向の並進鏡映とそれに平行な 2 直線 l, l' に関する鏡映から生成さ

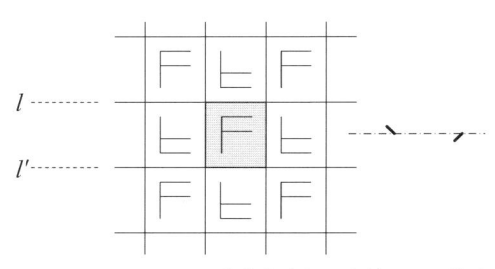

図 2.14 タイリング pmg：並進鏡映と 2 直線による鏡映から生成されるタイリング．

れる群もタイリングを作ります．このタイリングの例を図 2.14 に示します．この図の 2 本の破線は鏡映を施す直線を示します．このタイリングは記号 pmg で表されます．

(8) 鏡映と 2 種類の並進 (cm)

ベクトル v による並進と，v に平行な 2 本の直線 l, l' による鏡映と，l を l' へ移す並進 u によって生成される群もタイリングを作ります．このタイリングの例を図 2.15 に示します．このタイリングは記号 cm で表されます．

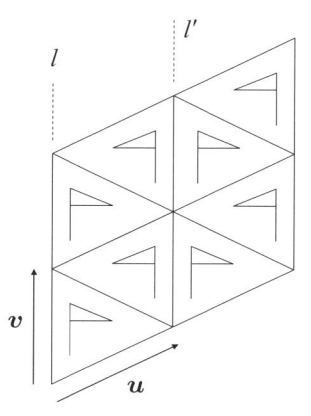

図 2.15 タイリング cm：鏡映と 2 種類の並進から生成されるタイリング．

(9) 互いに直交する 2 つの軸による鏡映と 2 つの並進 (cmm)

平行な 2 つの直線 l, l' による鏡映，それらと直交する 2 つの直線 m, m' による鏡映，m に平行なベクトル $\bm{v}$ による並進，m を m' に移す並進 $\bm{u}$ で，$\bm{v}$ 方向の成分が $|\bm{v}|/2$ であるものによって生成される群も，図 2.16 に示すようにタイリングを作ります．このタイリングは，記号 cmm で表されます．

(10) 90 度回転と直交する並進 (p4)

長さが等しい 2 つのベクトル $\bm{u}, \bm{v}$ による並進，および 1 点まわりの 90 度の回転によって生成される群は，図 2.17 に示すタイリングを作ります．図中の黒い小正方形は，この点のまわりでの 90 度の回転操作を表します．このタイリングは記号 p4 で表されます．

(11) 45 度で交わる 2 組の鏡映 (p4m)

平行な 2 つの直線 l, l' による鏡映，それらと 45 度で交わるもう 1 組の平行な直線 m, m' による鏡映によって生成される群もタイリングを作ります．例を図 2.18 に示します．このタイリングは記号 p4m で表されます．

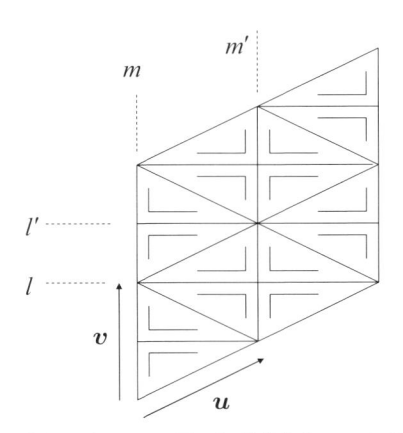

図 **2.16** タイリング cmm：互いに直交する 2 つの方向による鏡映と 2 つの並進によって生成されるタイリング．

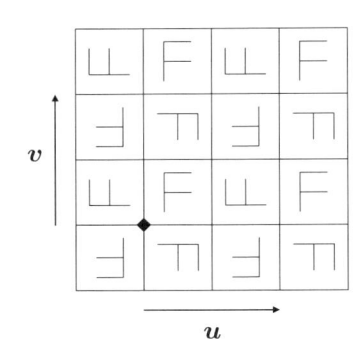

図 2.17 タイリング p4：90 度回転と直交する 2 つの並進から生成されるタイリング.

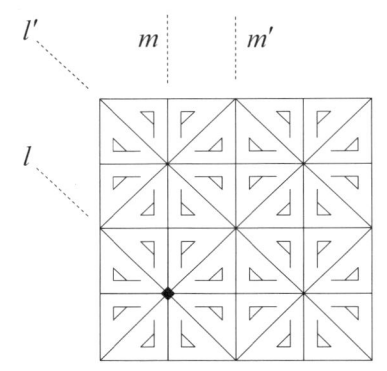

図 2.18 タイリング p4m：互いに 45 度で交わる 2 組の平行線対を軸とする鏡映によって生成されるタイリング.

(12) 120 度回転と並進 (p3)

120 度の回転と一方向への並進によって生成される群も，図 2.19 のようにタイリングを作ります．図中の黒い三角形はこの点のまわりでの 120 度の回転を表します．このタイリングは記号 p3 で表されます．

(13) 60 度回転と並進 (p6)

60 度の回転と一方向への並進によって生成される群は，図 2.20 に示すタイリングを作ります．この図の黒い小六角形はこの点のまわりの 60 度の回

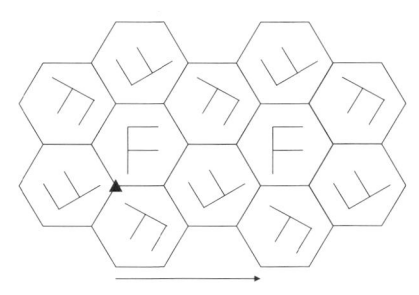

図 2.19　タイリング p3：120 度回転と並進によって生成されるタイリング．

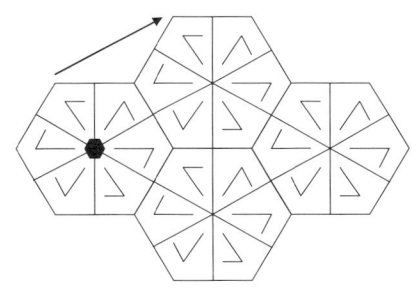

図 2.20　タイリング p6：60 度回転と並進によって生成されるタイリング．

転を表します．このタイリングは，記号 p6 によって表されます．

(14) 90 度回転と並進鏡映 (p4g)

　90 度の回転と，直交する 2 組の方向の並進鏡映によって生成される群もタイリングを作ります．例を図 2.21 に示します．このタイリングは，記号 p4g で表されます．

(15) 120 度回転と鏡映と並進 その 1 (p31m)

　120 度の回転と，互いに 60 度の角度をなす 3 つの方向の直線に関する鏡映と並進によって生成される群もタイリングを作ります．例を図 2.22 に示します．このタイリングは，記号 p31m で表されます．

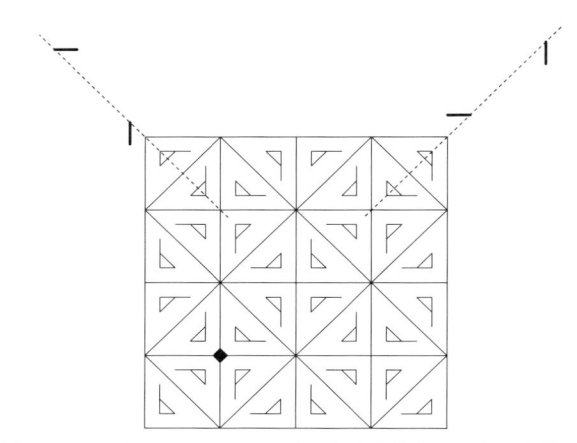

図 2.21 タイリング p4g：90 度回転と直交する 2 組の直線に沿った並進鏡映によって生成されるタイリング．

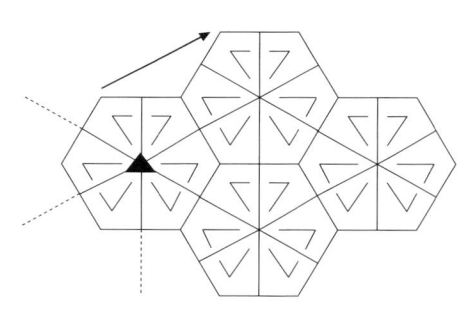

図 2.22 タイリング p31m：120 度回転と 3 つの鏡映と並進によって生成されるタイリング．

(16) 120 度回転と鏡映と並進 その 2 (p3m1)

120 度の回転と，互いに 60 度の角度をなす 3 つの方向の直線に関する鏡映と並進によって生成される群には，もう 1 つ別の種類のタイリングを作るものがあります．その例を，図 2.23 に示します．このタイリングは記号 p3m1 で表されます．

p31m と p3m1 の違いは，鏡映直線の方向と並進の方向のなす角にあります．すなわち p31m では，並進方向が，鏡映直線の 1 つと平行ですが，一

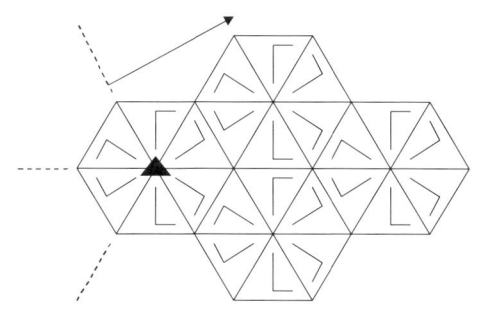

図 2.23　タイリング p3m1：120 度回転と 3 つの鏡映と並進に
よって生成されるもう 1 つのタイリング．

方，p3m1 では，並進方向が，鏡映直線の 1 つに垂直です．

(17) 60 度回転と鏡映と並進 (p6m)

　60 度の回転と，互いに 30 度の角度をなす 6 つの方向の直線に関する鏡映
と並進によって生成される群もタイリングを作ります．例を図 2.24 に示し
ます．このタイリングは記号 p6m で表されます．

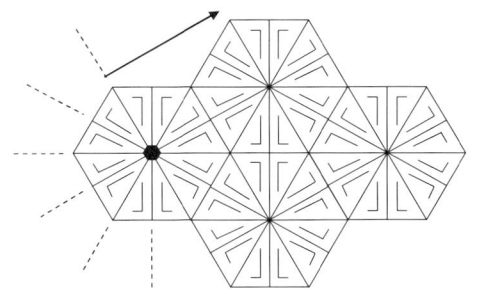

図 2.24　タイリング p6m：60 度回転と 6 つの方向の鏡映と並進
によって生成されるタイリング．

　ここで使われているタイリングの記号について少し説明しておきましょ
う．すでにお気づきのことと思いますが，m は鏡映を表し，g は並進鏡映
を表しています．また整数 $n = 1, 2, 3, 4, 6$ に対して pn は，360 度を n 等
分した回転を表します．つまり，p1 は回転なし，p2 は 180 度回転，p3 は

120 度回転，p4 は 90 度回転，p6 は 60 度回転が含まれていることを表しています．

　以上で，1 つのタイルのコピーが等長変換群の要素によって互いに移り合うことによって平面全体が埋め尽くされる 17 種類のタイリングをすべて紹介しました．これですべてが尽くされていることの証明は，[24] などを参照してください．また，[18] では，この 17 種類を分類して整理してあります．次章では，これらのタイリングからエッシャーがどのように彼のタイリングアートを作っていったかを見てみましょう．

3
エッシャー化の方法とバリエーション

　不連続群によって生成される周期的タイリングにおいては，基本領域の選択に自由度があります．すなわち，不連続群が同じであっても，タイルの形は一意に決まるわけではなく，ある範囲内の変形が許されます．この変形の自由度を利用して，動物などの輪郭に一致するタイルを作り出したのがエッシャーの作品です．本章では，このエッシャーの方法についてまず見ます．でもこれだけでは変形の自由度はそれほど大きくはありません．エッシャー自身は，この基本の上にさらにいくつかの巧妙な工夫を加えて，いっそう豊かなタイリングアートを創っています．そのような技法についてもまとめます．

吉田建朗 作：「作品 (b)」, 2007.

3.1 どんな変形が許されるか

不連続群 G とその基本領域 T によって生成されるタイリングが与えられたとしましょう．したがって平面全体は 1 種類のタイル T で敷き詰められています．さらに，T は基本領域ですので，タイリングの中のどの 2 つのタイルの対に対しても，一方を他方へ移す変換が G の中にあり，その変換によって移されたタイリング全体がもとのタイリングとぴったり重なります．

タイリングにおいて，3 個以上のタイルの境界が共有する点を**タイリング頂点** (tiling vertex) とよびます．タイルの境界上で隣り合うタイリング頂点をつなぐ境界曲線を，**タイリング辺** (tiling edge) といいます．タイリング頂点に接続するタイリング辺の数を，そのタイリング頂点の**次数** (degree) といいます．

図 3.1 の (a) と (b) は同一のベクトルの組 $(\boldsymbol{u}, \boldsymbol{v})$ によって生成されるパタ

(a)

(b)

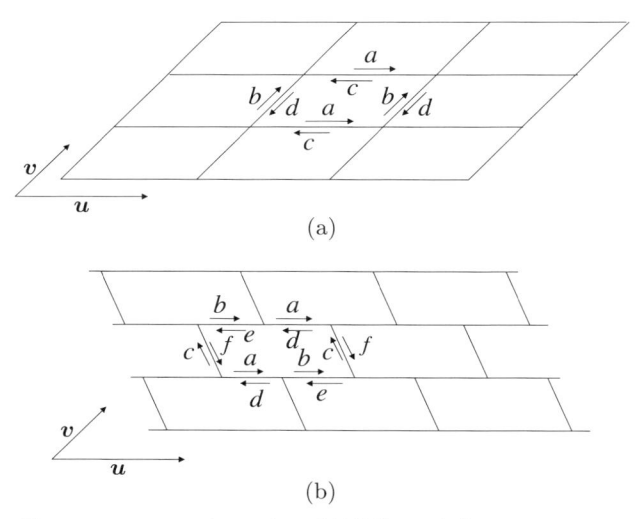

図 3.1 2 つのベクトルによる平行移動から生成されるタイリング．

ーン p1 の 2 つのタイリングの例です．不連続群は同じですが，基本領域の取り方が異なるため，異なるタイリングが得られています．この図の (a) のタイルは，次数 4 のタイリング頂点を 4 個もち，(b) のタイルは，次数 3 のタイリング頂点を 6 個もちます．

タイル T の任意の 1 つのタイリング頂点を選んで固定し，そこを出発点とみなして，タイリング辺に反時計回りに $a, b, c, \ldots$ とラベルをつけていきます．このとき，タイリング辺は反時計回りの向きをもつものとみなし，ラベルはこの向きをもった辺につけるものとします．辺の向きを陽に表すために，図 3.1 では矢印を用いています．

このように 1 つのタイルの辺に向きとラベルをつけたら，次に，不連続群 G に属す変換によってこのタイルを敷き詰めるとき，辺の向きとラベルもいっしょにコピーします．タイルは，G の基本領域となるように選びましたから，タイリングの中の任意の 2 つのタイルに対して，一方のタイルをもう一方のタイルへ移す変換が G の中に必ず存在します．したがって，最初の 1 つのタイルの辺の向きとラベルを決めると，その他のタイルの辺へラベルは伝播していきます．

ときには，恒等変換以外の変換によって 1 つのタイルが自分自身に移ることもあります．たとえば，図 3.2 のようにタイルの中央を通る直線による鏡映変換が G に含まれている場合にこのような情況が生じます．このときには，互いに移り合う辺には同じラベルと向きを割り当てることにします．図 3.2 の場合には，ラベル a が 2 カ所に現れます．その向きは，一方では反時計回りですが，もう一方では時計回りです．また，ラベル b と c は自分自

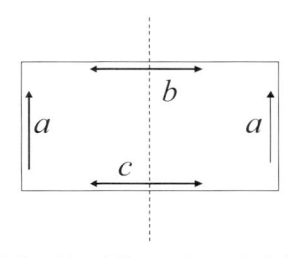

図 **3.2** 恒等変換以外の変換でタイルが自分自身へ移る場合．

身へ移り，そのとき向きが反転しますから，こういう辺は両方の向きを同時にもつものとみなします．そして，図 3.2 に示すように，両方の向きをもった矢印で示します．

この結果，タイリングの中の各タイリング辺には，両側に向きとラベルがつきます．たとえば図 3.1(a) の中央のタイルに，図のように反時計回りの向きとラベル a, b, c, d をつけると，この向きとラベルをまわりのタイルにコピーしたとき，タイリング辺をはさんで a と c が対となり，b と d も対となります．

このとき，タイリング辺をはさんでどのような向きとラベルの組合せが現れるかは，中央の 1 つのタイルのまわりを調べるだけで，すべてを尽くすことができます．すなわち，他のどのタイルにおいても，中央のタイルとまったく同じ組合せしか現れません．これがなぜなのかは，次のように考えれば理解できます．

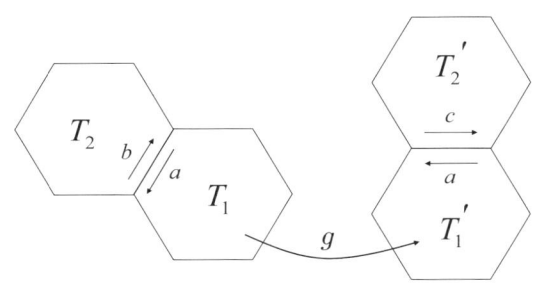

図 **3.3** 等長写像によるタイルの変換．

図 3.3 に示すように，1 つのタイル T_1 のラベル a の辺に着目したとき，この辺をはさんだ反対側にはタイル T_2 のラベル b の辺があったとしましょう．また，同じタイリングの中の別のタイル T_1' においては，ラベル a の辺の反対側にタイル T_2' のラベル c が現れていたとしましょう．タイル T_1 をタイル T_1' へ移す変換が G の中に存在します．これを g としましょう．$T_1' = gT_1$ がなりたちます．ところで g は平面から平面への等長写像でした．すなわち，平面上のすべての点が平面上のどこかに移り，その移り方は，平面全体を変形しない板とみなしたとき，その板を平行移動や回転でず

らしたり裏返したりする操作で表すことができました．したがって，変換 g はタイル T_1 を T_1' に移すだけでなく，T_1 と隣り合うすべてのタイルを，その隣り合い方を保ったまま，そっくりそのままタイル T_1' のまわりへ移します．T_1 が g によって T_1' へ移されたとき，ラベル a はラベル a に移されるから（そうなるようにラベルをコピーしたはずです），この辺の反対側のタイル T_2 は T_1 との接し方を保ったまま，T_2' へ移るはずです．したがって，タイル T_2' のラベル c は，実はタイル T_2 のラベル b と同じものであることがわかります．このように，ラベルの組合せは，1つのタイルのまわりを調べるだけで，すべてを尽くすことができます．

さて，タイリング辺をはさんで現れる向きとラベルの組合せパターンは，次の (1), (2), (3), (4) の 4 通りに分類でき，それぞれに許される変形が図 3.4 に示すように決まります．

(1) 両側のラベルが同じで向きが異なるとき（図 3.4(a)）．この場合は，このタイリング辺は中点に関して点対称でなければなりません．なぜな

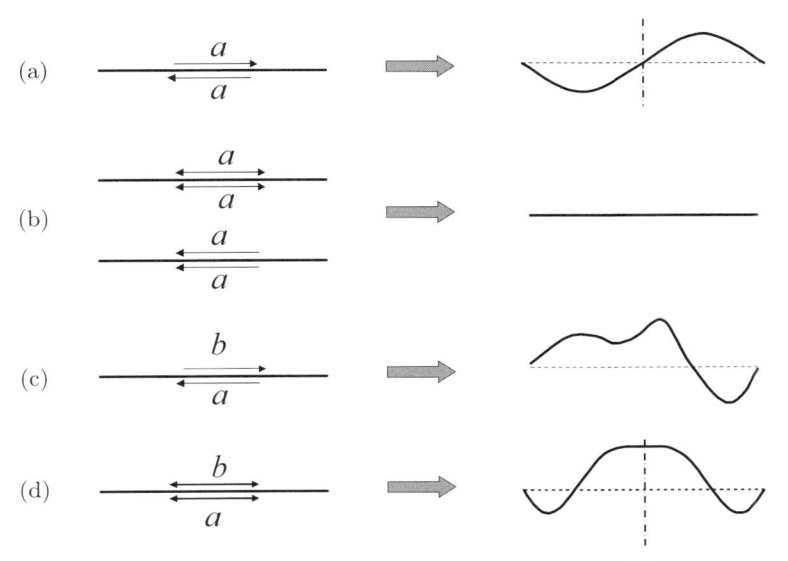

図 3.4 タイリング辺のラベルと向きの組合せによって特徴づけられる変形の自由度．

ら，ラベルが同じですから，タイルの同じ辺同士が向き合っており，向きが逆ですから，一方のタイルを 180 度回転させたとき反対側のタイルに一致しなければならないからです．

(2) 両側のラベルが同じで向きも同じとき（図 3.4(b)）．このタイル辺は変形できません．直線分のままでなければなりません．なぜなら，このラベルと向きの組合せは，一方のタイルを裏返して反対側のタイルが得られることを意味していますから，両側のタイルがこの辺に関して線対称でなければならないからです．

(3) 両側のラベルが異なり，それぞれ一方向の向きをもつとき（図 3.4(c)）．このタイリング辺は自由に変形できます．このことは，向きが同じであっても，逆であってもなりたちます．

(4) 両側のラベルが異なり，少なくとも一方の辺が両方向の向きをもつとき（このときはもう一方の辺も両方向の向きをもちます；図 3.4(d)）．このタイリング辺は垂直二等分線に関して線対称でなければなりません．

このように，タイリング辺に許される変形は，その辺の両側のラベルとその向きの組合せで決まります．この変形を

(i) 変形した辺同士が交差してはいけない．
(ii) 辺の変形は，その両側のタイルの外へはみ出してはいけない．
(iii) 頂点の位置を動かしてはいけない．

という条件を満たす範囲で施すことによって，タイリングという性質を保ったまま，タイルの形を変えることができます．

タイリングという性質を保ったままタイルの形を変える操作を，エッシャー化とよぶことにしましょう（文献 [20], [21]）．上に示した操作は，エッシャー化のもっとも基本となる手続きです．

3.2 エッシャー化の例

エッシャー化の例をエッシャー自身の作品で見てみましょう．図 3.5(a)

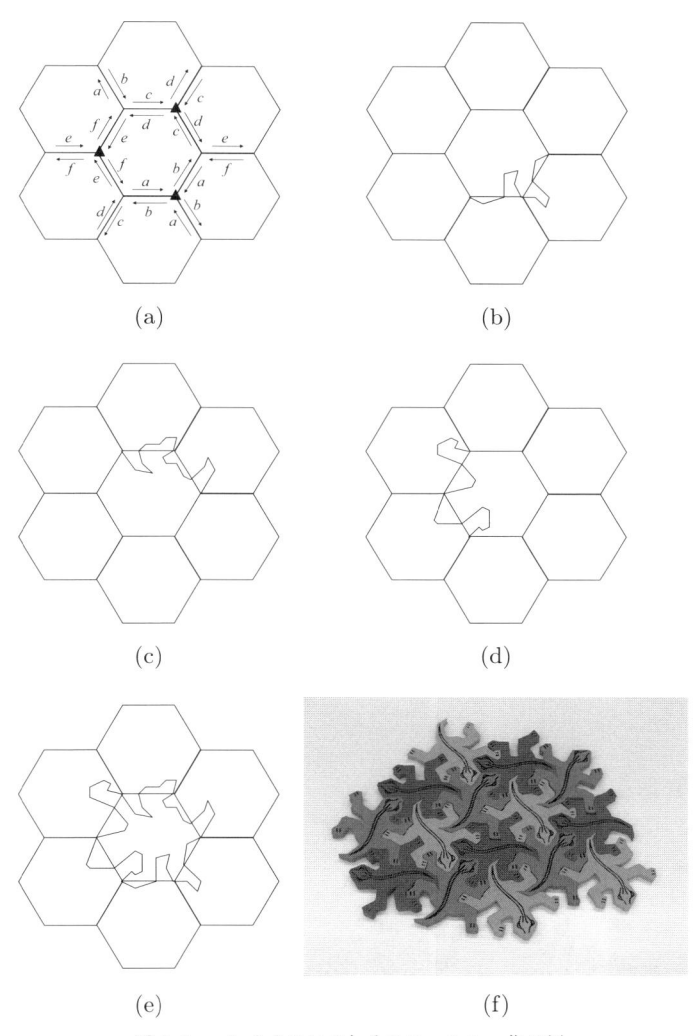

図 **3.5** p3 タイリングとそのエッシャー化の例.

はタイリング p3（120 度の回転と一方向の並進で生成されるタイリング）を，正六角形の基本領域を用いて示したものです．1 つの正六角形を囲む 6 つの境界辺に反時計回りの向きをつけ，順に $a, b, c, \ldots, f$ とラベルをつけ

ます．すると，この図に示すように a と b, c と d, e と f が辺で向き合い，それぞれのタイリング辺が，図 3.4 の (c) の組合せとなっていることがわかります．したがってそれぞれのラベル対をもつ辺は自由に変形できます．

まずラベル a と b ではさまれた辺に着目しましょう．この辺は自由に変形できます．ただし，同じラベルの組合せが正六角形のタイルの隣り合う 2 つの辺に現れていますから，これらには同じ変形を施さなければなりません．このような制限のもとでの変形の一例を図 3.5(b) に示します．

同じように異なるラベル c と d ではさまれた辺も自由に変形できます．このラベルの組合せも隣り合う 2 つの辺に現れていますから，これらには同じ変形を施さなければなりません．これらの辺に許される変形の一例が図 3.5(c) です．

ラベル e と f ではさまれた辺も隣り合う位置に 2 カ所現れており，それに許される変形を施した例が図 3.5(d) です．

図 3.5 の (b), (c), (d) に施された変形を合成すると同図の (e) のタイルが得られ，それを敷き詰めると，(f) のタイリングが得られます．これが，エッシャーの作品「発展 II」(1939)，「爬虫類」(1943)（口絵参照）などに使われているタイリングパターンです．

3.3 変形自由度のまとめ

タイルに許される変形は，各タイリング辺の両側のラベルと向きの組合せで決まることがわかりました．一方，等長変換が作る不連続群から得られるタイリングは 17 種類あります．そこで，本節では，これら 17 種類のタイリングの典型的なパターンについて，どのようなラベルの組合せが現れるかをまとめておきましょう．

ラベルと向きの組合せを列挙した結果を，図 3.6 に示します．この図では，タイルの形を，単純ではありますができるだけ一般性を保つように選びました．(a) と (b) に示したタイリング p1, p2 では任意の平行四辺形をタイルとして選ぶことができます．(c)-(g) に示した，タイリング pm, pmm, pg, pgg, pmg では，平行四辺形は使えませんが任意の長方形をタイルとし

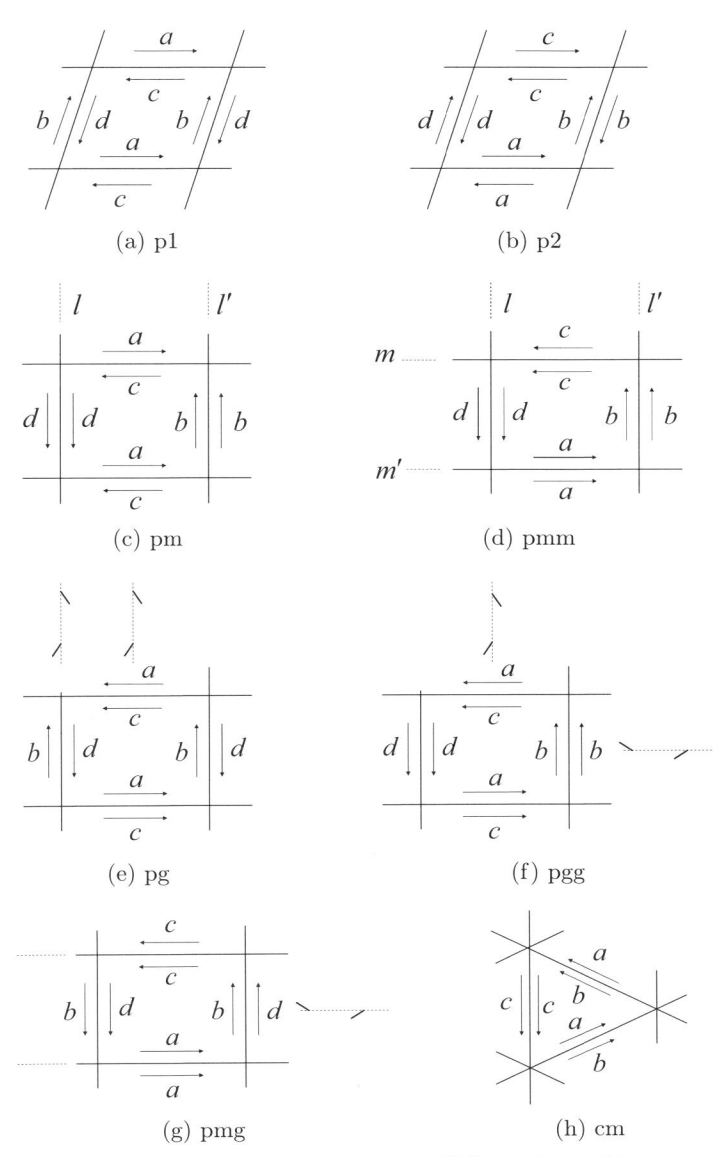

図 3.6　17 種類のタイリングパターンに対するタイリング辺でのラベルと向きの組合せ.

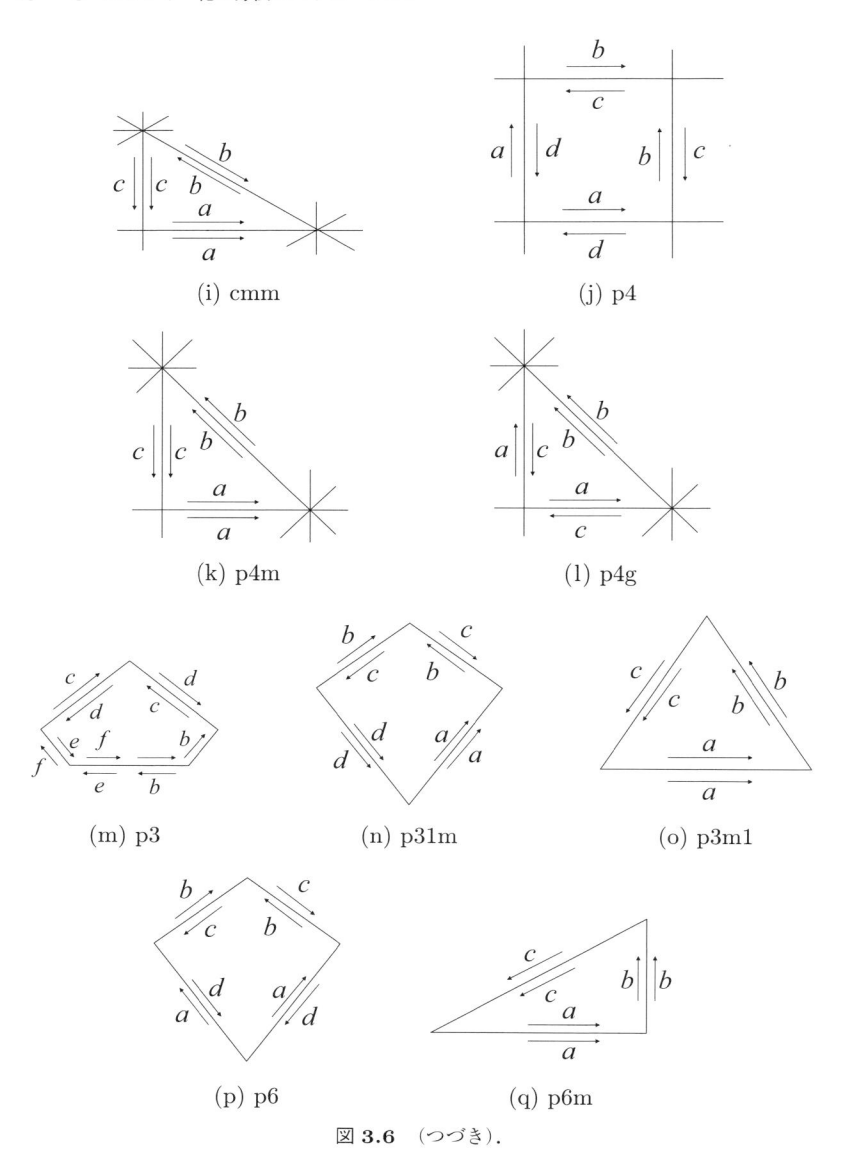

48　3　エッシャー化の方法とバリエーション

(i) cmm　　　　　　　　　　(j) p4

(k) p4m　　　　　　　　　　(l) p4g

(m) p3　　　　(n) p31m　　　　(o) p3m1

(p) p6　　　　　　(q) p6m

図 **3.6** （つづき）．

て選ぶことができます．(h) のタイリング cm では任意の二等辺三角形，(i) のタイリング cmm では任意の直角三角形を選ぶことができます．

一方，(j) 以降のタイリングに対しては，もっとも単純なタイルの形は拡大・縮小の自由度を除いて 1 種類に限られます．すなわち，(j) のタイリング p4 は正方形，(k) の p4m と (l) の p4g は直角二等辺三角形，(m) のタイリング p3 は正六角形を三等分した形，(n) の p31m と (p) の p6 は正六角形を六等分した形，(o) の p3m1 は正三角形，(q) の p6m は内角の 1 つが 30 度の直角三角形に限られます．

17 種類のタイリングのそれぞれに対してエッシャー化を施したかったら，図 3.6 で示されたラベルとその向きから定まる制限の範囲でタイリング辺を変形すればよいわけです．実際，これらのタイリングの主なものに対して，それにあてはまるエッシャーの作品の例について，文献 [7], [29] などに論じられています．

さらに，これらのエッシャー化の操作をコンピュータに組み込み，ユーザが与えた図形に近いタイルで平面をおおうパターンを対話的に創作するシステムも提案されています（文献 [5], [20], [21], [22]）．

秋山ら [3] は，正四面体の表面を頂点を通るようにはさみで切って開いた形が，図 3.4(c) の辺の変形規則を自動的に満たすタイルとなっていて，それを平面に敷き詰めることができることを紹介しています．

ところで，同じ向きの同じラベルではさまれたタイリング辺には変形の自由度はまったくなく，直線分のままでなければなりませんでした．したがって，たとえば図 3.6(d) のタイリング pmm や，同図の (o) のタイリング p3m1 はすべてのタイリング辺がこの制約を受けますから，タイルはまったく変形できません．だから，エッシャー化の対象にはならないように見えます．

確かに，いままで見てきた基本的なエッシャー化の操作は，これらのタイリングには適用できません．しかし，驚いたことに，エッシャー自身は，これらのタイリングパターンからもすばらしいタイリングアートを作っています．なぜそんなことができるのかというと，上に述べたエッシャー化の基本操作の上に，その制約を克服して変形の自由度を増やすいくつかの巧妙な操

作のバリエーションが存在するからです．エッシャーはこれらのバリエーションも最大限に利用しています．次節では，その技法を見てみましょう．

3.4 エッシャー化のバリエーション

タイル頂点の移動

　前節で見てきたエッシャー化の基本操作は，タイリング辺をある規則にしたがって変形させるものでしたが，タイリング辺の端点の位置は動かしませんでした．すなわち，タイリング頂点の位置は最初に与えられたタイリングの頂点位置のままでした．しかし，これではタイルの境界が必ずいくつかの点を通らなければならないということになり，非常に大きな制約となってしまいます．

　実はこの制約は取り除くことができて，タイリング頂点の位置を動かすことができます．このことを例で見てみましょう．パターン pm のタイリングを考えます．これは図 3.7(a) に示すように，互いに平行な 2 つの直線 l, l' による鏡映と，これらの直線に平行な 1 つのベクトル v による並進から生成されるタイリングで，この図に示すように長方形の基本領域をもちます．

　このタイリングの垂直な辺は鏡映変換の軸であるためまったく変形できませんが，上下の水平な辺は同じ変形でなければならないという条件さえ満たせば自由な変形ができました．したがって，たとえば図 3.7 (a) に示すようなエッシャー化ができます．ただし，この図に示すように，タイリング辺の両端は，もとのタイルの頂点の位置のままです．

　ここで右端の頂点 P に着目しましょう．この図に示すように，P はもとのタイリング頂点の位置から動いていません．

　これに，図 3.7(b) に示すように，タイルの右側の辺の近くの点 Q を通ってから P へいくという辺の変形を考えてみましょう．この結果，P と Q の間に幅が非常に小さい「ヒゲ」ができます．ここでこのヒゲの幅を無限に小さくしていくと，変形後のタイルは，幅が零の「ヒゲ」をもった形となります．

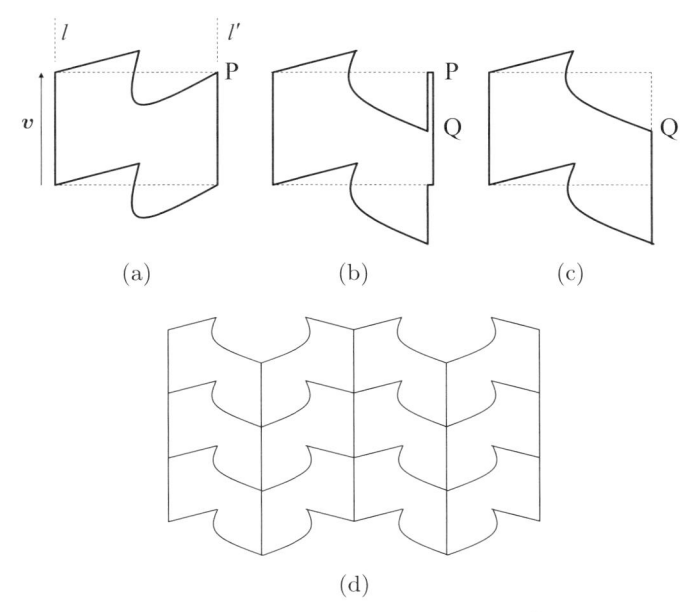

図 3.7 頂点位置を移動させるエッシャー化.

　そこで，次にこの幅が零のヒゲをタイルから取り除いてみましょう．すると図 3.7(c) に示すように，境界がもとの立体の頂点を通らないものとなっています．しかもこの変形は，形式的にはエッシャー化の手続きにのっとっていますから，このタイルを敷き詰めても，図 3.7(d) に示すようにタイリングが成立します．

　このように，幅が零の「ヒゲ」を利用すれば，エッシャー化の基本ルールに反しない（すなわち端点を動かさない）変形ができ，それを行ったあとで幅が零のヒゲを取り除けば，実質的にタイリング頂点の位置も動かすことができます．これによって，エッシャー化のバリエーションは大きく広がります．

　この技法もまとめておきましょう．

タイル変形バリエーション 1（タイリング頂点の移動）
1. タイリング辺をエッシャー化の規則によって変形する際に，動かしたいタイリング頂点に接続する幅が零の「ヒゲ」を作る．
2. このタイル変形を，対応する変換群にしたがってすべてのタイルにコピーする．
3. 幅が零のヒゲを取り除き，残ったパターンを変形後のタイルとみなす．

タイルの分割

いままで考えてきたタイルの変形は，タイルの境界の形を変えるものでした．一方，タイルの内部に切れ目を入れて，1 つのタイルを 2 個以上のタイル片に分けることを許せば，作れる形が格段に豊かになります．これについて見てみましょう．

どのような周期的タイリングに対しても，1 つのタイルを 2 つの連結な図形に分割し，それと同じ分割を他のすべてのタイルにもコピーすれば，2 種類のタイルを使ったタイリングが得られます．同じことは，最初のタイルを 3 つ以上の図形に分割してもなりたちます．すなわち，1 つのタイルを k 個の図形に分割し，それと同じ分割を他のタイルにもコピーすれば，k 種類のタイルを用いたタイリングが得られます．そしてさらに，そのように分割された図形を，もとのタイルのタイリング辺によって結合し，それをタイルの形とみなせば，k より少ない種類のタイルによるタイリングも得られます．

これらの性質を，順に例で見てみましょう．

まず，もっとも簡単なタイリングパターン p1 について考えてみましょう．これは 2 つのベクトル u, v による並進から生成されるタイリングで，その代表的な基本領域は図 3.8(a) に示すように平行四辺形でした．この図に示すように，1 つのタイルを曲線によって 2 つに分割してみましょう．並進によるタイルの敷き詰め規則にしたがって，この分割を他のすべてのタイルにコピーすると図 3.8(b) のようなパターンが得られます．これは，同図の (c) に示すように分割されて得られた 2 種類の図形をタイルにもつタイリングとみなすことができるでしょう．

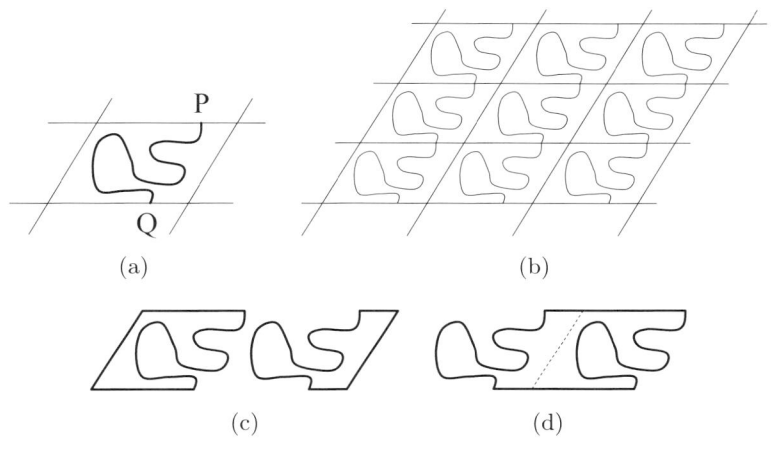

図 3.8 タイルの分割による変形.

　さらに，もとのタイリングのタイル辺で，これら 2 つの図形を結合すると，同図の (d) に示すような新しいタイルの形が得られます．そして，図 3.8(b) は，この 1 種類のタイルによるタイリングともみなせます．タイルを分割するだけではタイルの種類が増えてしまって面白くないかもしれません．しかし，分割後のタイルをこのようにもとのタイリング辺で結合することによって，タイルの種類を少数に保ったまま，大きな自由度の変形が可能になります．

　なお，図 3.8(a) の例では，分割に用いた曲線の上の端点 P と下の端点 Q を，タイリング辺の端から同じ距離の位置にとりました．これは隣り合うタイルの間で分割曲線がなめらかにつながるようにしたいという配慮からです．ただし，この配慮は，タイリングであるための条件ではありません．P と Q の位置を勝手に選んで分割してもタイリングができることには変わりありません．

　この，タイルを分割するという技法は，鏡映変換を含む変換操作から生成されるタイリングにおいてとくに有効です．なぜなら，鏡映変換を用いて敷き詰めたタイルに対しては，鏡映変換の軸と一致するタイリング辺はまったく変形が許されないからです．これも例で見てみましょう．

タイリングパターン pmm は，図 3.9(a) に示すように，長方形の 4 辺 l, l', m, m' のそれぞれを軸とする 4 つの鏡映変換から生成されるもので，その長方形自身が基本領域でもあるという性質をもっていました．このタイルの 4 辺は，すべてが鏡映変換の軸となっているため，タイリング辺を変形する余地はまったくありません．すなわち，前章で見たエッシャー化によってはタイルを変形することができません．

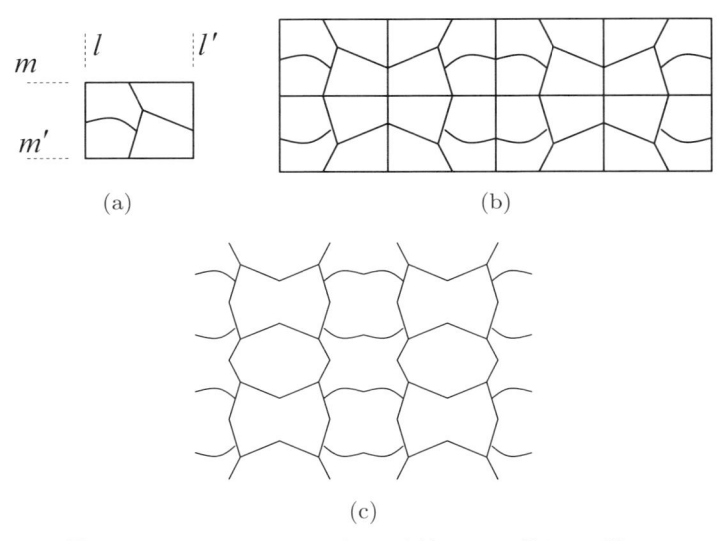

図 3.9 パターン pmm のタイルの分割によって得られる新しいタイリング．

ここで図 3.9(a) に示すように，このタイルに任意の切れ目を入れて 4 つの断片に分割してみましょう．そして，このタイルの分割をまわりのタイルにもコピーします．その結果，同図の (b) に示すように，長方形のタイルを 4 つに分割したタイリングが得られます．ここで，もとのタイルのタイリング辺を消してみましょう．すると，図 3.9(c) に示すように，4 つの断片のそれぞれが 4 個ずつ集まった複雑なタイリングパターンが得られます．このタイリングだけを見ると，エッシャー化ではまったく変形できなかったパターン pmm のタイリングから得られたものだということは，ほとんど想像

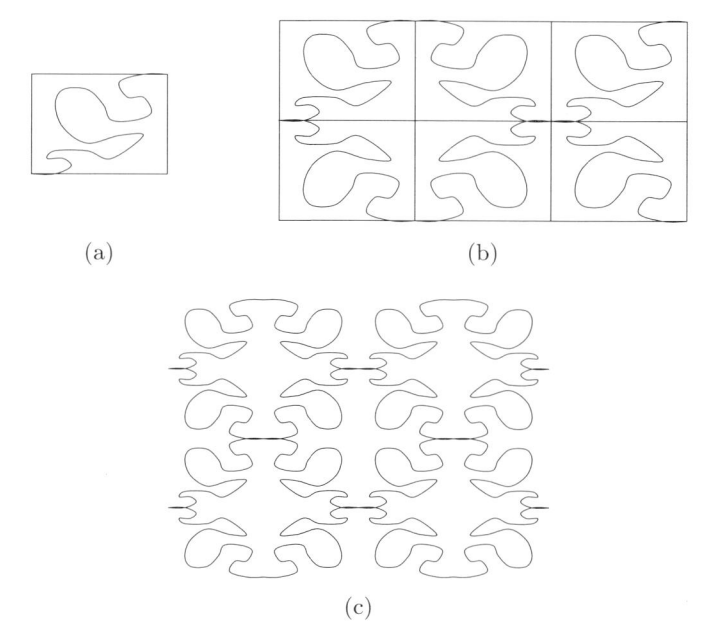

図 3.10　パターン pmm のタイルの 2 分割による新しいタイリングの生成.

　できないほどでしょう.

　もう 1 つ例をあげてみましょう. パターン pmm のタイリングの 1 つのタイルを, 図 3.10(a) に示すように, 2 つに分割してみます. そして, これをタイルの敷き詰め規則にしたがって他のタイルにコピーすると, 同図の (b) のパターンが得られます. さらにもとのタイリング辺を消去すると, 同図の (c) のタイリングが得られます. この場合は, もとのタイル 4 個分が新しい 2 種類のタイルに入れ替わったことになります. すなわち, 図 3.10(c) の中に現れている 2 種類のタイルの面積の和が, もとの長方形タイル 4 個分の面積となります.

　このように, タイルを複数の断片に分割するだけでなく, もとのタイリング辺に沿って接続している隣り同士の断片をつなぎ合わせることによって, 新しい変形の自由度が得られます. これも強力な手法でしょう.

この方法も，一般的な操作手順の形にまとめておきましょう．

タイル変形バリエーション 2（タイルの分割操作）
1. 任意のタイリングパターンと基本領域を選んで固定する．
2. 1つのタイルに着目し，任意の曲線を用いてそのタイルを任意の個数の連結領域へ細分する．
3. この細分パターンを，対応する変換群にしたがってすべてのタイルにコピーする．これによって，細分されたタイルによるタイリングができる．
4. さらに必要なら，もとのタイリング辺を取り除いて，連結領域を融合し，それを新しいタイルとみなす． ■

タイルの大変形

基本的なエッシャー化の方法は，それぞれのタイリング辺を，それをはさむ両側のタイルの領域内で変形するものでした．一方，隣りだけではなくて，2つ先，3つ先など，さらに遠くのタイルも含んだ変形をしたくなる場合もあるでしょう．実際，エッシャーもそのようなタイル変形を数多く利用しています．本節ではその方法を見てみましょう．

例で説明しましょう．もっとも簡単なタイリングパターン p1 を考えます．p1 の基本領域として長方形を考えましょう．図 3.11(a) に示すように，基本的なタイリングパターンの中の1つのタイルに着目して，そのタイリング辺の1つを変形することを考えます．このタイリングパターンでは，辺は自由に変形できました．

太い線で示した長方形のタイルに着目します．まず，このタイルの右側のタイリング辺を図 3.11(a) に示すように変形してみましょう．このとき，変形した辺が右隣りのタイルへのびていますが，その変形を着目しているタイルにもコピーします．すると図 3.11(b) に示すようになります．

次に，(a) の変形をさらに進めて，今度は右上のタイルへものばしてみましょう．このとき，まわりのタイルに描いた線をもとのタイルにもコピーし，すでに描いた線と交差しないことを確かめながら線を描いていきます．

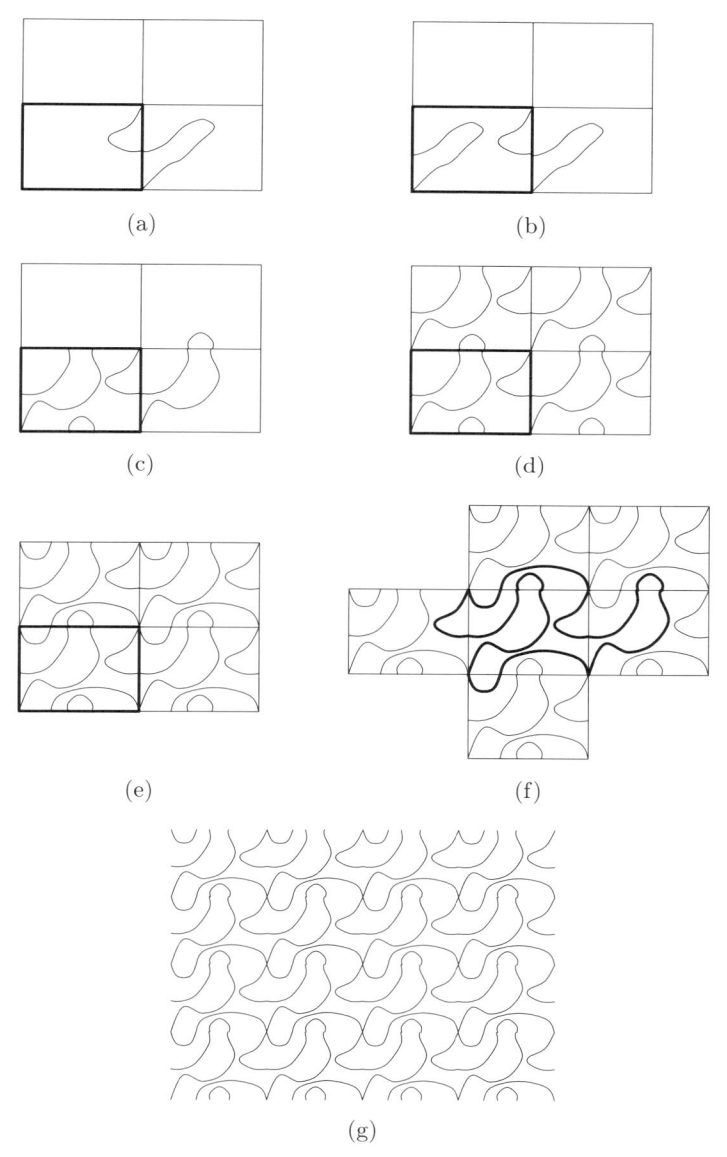

図 **3.11** タイルの大変形.

その結果，図 3.11(c) のように変形させたとしましょう．ここで，着目しているタイルに書き込んだすべての線をまわりのタイルにもコピーします．そうすると，図 3.11(d) のようなパターンが得られます．

以上の操作では，着目したタイルの右側の辺だけを変形させましたが，左側の辺の変形も自動的になされます．なぜなら，タイルに描いた線をまわりのタイルにコピーしたとき，変換群の性質から，右側の辺と左側の辺が同じ変形を受けなければならないという制約が自動的に満たされるからです．

次に着目しているタイルの上側のタイリング辺を変形することを考えます．そのために，(d) で描かれたすべての辺と交差しないように間をぬって上側の辺の変形後の形を決定します．いま，(e) に示すように変形したとしましょう．

このように着目したタイルの右側の辺と上側の辺の変形を決めると，左側の辺は右側の辺と同じ変形を受け，下側の辺は上側の辺と同じ変形を受けますから，タイル全体の形が決まるはずです．この結果をまとめて，1 つのタイルに関する変形を太い線で示したのが，同図の (f) です．このように，タイルの変形は，着目したタイルの上下左右の隣りだけでなく斜め右上のタイルにも及んでいます．これが変形後のタイルの形です．実際，このタイルとそのコピーを敷き詰めると，図 3.11(g) に示すように，新しい形のタイルによるタイリングパターンができ上がります．

この例で見たタイル変形の方法を，一般的な操作の形で記述しておきましょう．

タイル変形バリエーション 3（タイルの大変形操作）
1. タイリングパターンとそれに対する基本領域を 1 つ選択して固定する．
2. まだ変形していないタイリング辺を 1 つ選び，エッシャー化の規則にしたがって変形していく．その際，隣りのタイルだけでなく，もっと先のタイルまで変形を進めてもかまわないが，のばしたタイリング辺の形を，すべて最初に着目したタイルの上にコピーし，それらの線が互いに交差しない範囲で変形を進めていく．

3. まだ変形の終わっていないタイリング辺が残っていれば，ステップ 2 へいく．すべてのタイリング辺の変形が終了していたらステップ 4 へいく．
4. 変形後のタイルを，対応する変換群にしたがってコピーし，平面全体に敷き詰める． ∎

　この操作の例をもう 1 つあげましょう．今度はタイリングパターン p2 を取り上げ，長方形の基本領域を考えます．タイルの移動規則は，タイリング辺の中点での 180 度の回転を合成して得られます．その結果，各タイリング辺は中点に関して点対称となる範囲で変形が許されるのでした．図 3.12(a) では，この変形規則にしたがって，着目するタイルの右側の辺を隣りのタイルを越えてもっと先までのばし，そのコピーを着目したタイルにコピーしました．線が互いに交差していないことに注意してください．次に残りのタイリング辺も中点に関して点対称であることを保ちながら変形します．そのような例を図 3.12(b) に示しました．これによってタイルの変形が

(a)　　　　　　　　　　(b)

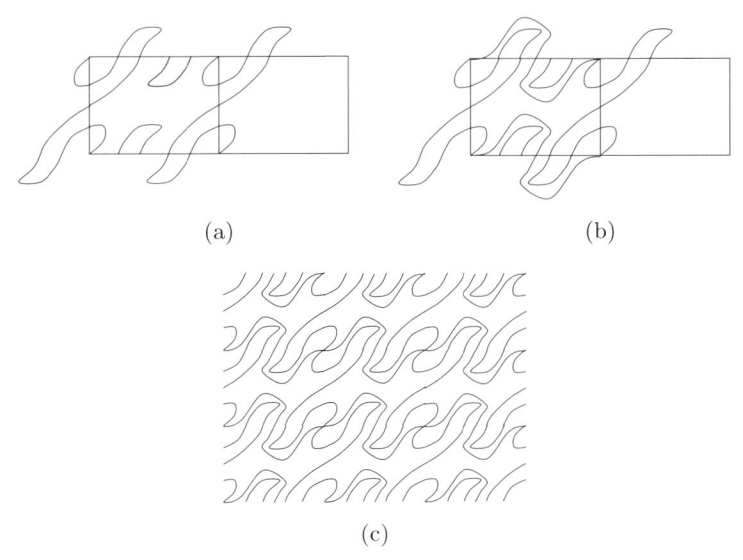

(c)

図 **3.12**　タイリングパターン p2 の大変形例.

定まり，これを変換群によってコピーすることによって，図 3.12(c) に示すようなタイリングが得られます．

4
目標図形から出発するエッシャー化

　前章では，既存のタイリングから出発し，タイリングという性質を乱さない変形ルールを使って複雑なタイリングを作りました．この方法では，こんな図形を敷き詰めたいという目標図形を思い浮かべても，実際のタイルをそれに近づけていくことは容易ではありません．そのため，目標図形をあらかじめ設定することはやめて，無心に変形ルールを適用しながら，目の前に現れた図形を見て，それに動物の名前などを当てはめるという手順をとらざるを得ません．

　でも，できることならタイルの制約はいったん忘れて，こんな形で平面を敷き詰めたいという目標図形をまず定め，それに近いタイリング可能図形を

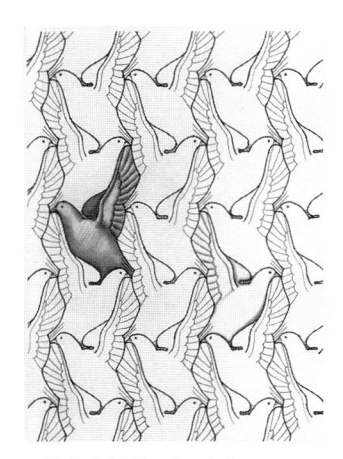

池上尭史 作：「ハト」, 2007.

探したいですよね．これは人手では難しいのですが，コンピュータのパワーを利用すればできなくはありません（文献 [22], [23]）．本章ではその方法を紹介します．

4.1 タイル境界の点列による表現

こんな図形をタイルに使って平面を敷き詰めたいという目標図形をまず与えることにします．この図形を W と名づけます．そして，W の境界上に反時計回りに並んだ n 個の点の列を $(Q_1, Q_2, \ldots, Q_n)$ としましょう．つまり，目標図形 W を n 角形で近似するわけです．W は勝手に与えた図形ですから，W によってタイリングが作れるわけではありません．平面に並べると，一般に，重なったり隙間ができたりしてしまうでしょう．

そこで，もう 1 つの図形 U を考えます．U がこれから見つけたいタイリング可能な図形です．U の境界も反時計回りに並んだ n 個の点の列 $(P_1, P_2, \ldots, P_n)$ で表すことにしましょう．私たちの目標は，n 角形 W が与えられたとき，タイリングが可能でしかも W になるべく近い n 角形 U を見つけることです．

$i = 1, 2, \ldots, n$ に対して点 P_i の座標を (x_i, y_i) とします．そして，これらの点の x, y 座標を一列に並べてできる $2n$ 次元の縦ベクトルを

$$\boldsymbol{u} = (x_1, y_1, x_2, y_2, \ldots, x_n, y_n)^{\mathrm{t}} \tag{4.1}$$

とします．ただし，t は転置を表します．

図形 W に対しても，同じように点列 $(Q_1, Q_2, \ldots, Q_n)$ の x 座標と y 座標を並べてできる縦ベクトルを $\boldsymbol{w}$ とします．

いま，図形 W が与えられ，図形 U を作ろうとしていますから，$\boldsymbol{w}$ は与えられた定数ベクトルで，$\boldsymbol{u}$ がこれから値を求めようとする未知数ベクトルです．

W から U を求めるためには，まず次の 2 つのことをはっきりさせておかなければなりません．

(1) U がタイリング可能であるということを，u を用いてどう表すか．
(2) U と W が近いということを，u と w を用いてどう表すか．

次節と，次々節でこれを見ていきましょう．

4.2　タイリングができるためには

n 角形 U がタイリング可能であるという条件を u に関する制約として表したいのですが，これはタイリングパターンによって変わります．1 つのタイリングパターンを決めると，そのパターンで敷き詰めることができるための条件が書き表せます．このことを，例を用いて説明しましょう．

120 度の回転から生成させる等長写像群 p3 を例にとります．p3 によって作られるタイリングのもっとも簡単な形は正六角形を敷き詰めることによって得られました．このときの辺同士は 120 度回転によって図 4.1 に太い矢印で示すように対応します．この図の黒い三角形は，120 度の回転の中心を表します．

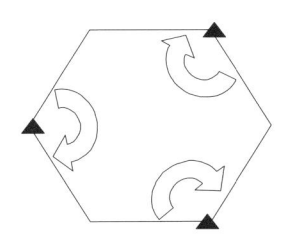

図 4.1　120 度回転で生成される等長変換群 p3 による辺の対応.

この図の辺の対応関係を境界上の点の間の対応関係に置き換えるために，正六角形の上に n 個の点を置いたのが，図 4.2 です．ただし，いま考えている図形が正六角形なので，点の数 n を 6 の倍数にとり，$n = 6m$ とします．そして，6 つの辺に同じ数の点を並べます．この図に示すように正六角形の左下の頂点の番号が $P_n = P_{6m}$ になるように反時計回りに点を並べると，P_m, P_{3m}, P_{5m} の 3 点が 120 度回転の中心となります．

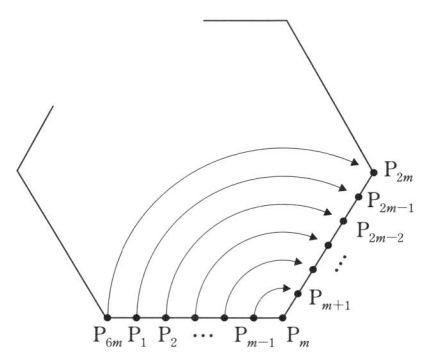

図 4.2 図 4.1 のタイルの境界に置いた点列.

一般に，点 (x, y) を，原点を中心として反時計回りに角度 θ ラジアンだけ回転した結果，点 (x', y') に移ったとすると，

$$\begin{pmatrix} x' \\ y' \end{pmatrix} = \begin{pmatrix} \cos\theta & -\sin\theta \\ \sin\theta & \cos\theta \end{pmatrix} \begin{pmatrix} x \\ y \end{pmatrix} \quad (4.2)$$

がなりたちます．回転の角度が d 度のとき，ここに現れる 2×2 の行列を $R(d)$ と置くことにしましょう．円周率を π と置きます．d 度は $d\pi/180$ ラジアンですから

$$R(d) = \begin{pmatrix} \cos\frac{d\pi}{180} & -\sin\frac{d\pi}{180} \\ \sin\frac{d\pi}{180} & \cos\frac{d\pi}{180} \end{pmatrix} \quad (4.3)$$

となります．

点 P_m を中心とする 120 度回転に着目しましょう．$P_1, P_2, \ldots, P_{m-1}$ は，P_m を中心とする時計回りの 120 度回転（言い換えると反時計回りの 240 度回転）によって，それぞれ $P_{2m-1}, P_{2m-2}, \ldots, P_{m+1}$ に移ります．したがって

$$\begin{pmatrix} x_{2m-i} - x_m \\ y_{2m-i} - y_m \end{pmatrix} = R(240) \begin{pmatrix} x_i - x_m \\ y_i - y_m \end{pmatrix}, i = 1, 2, \ldots, m-1 \quad (4.4)$$

でなければなりません．また同じ回転によって P_{6m} は P_{2m} へ移りますから

$$\begin{pmatrix} x_{2m} - x_m \\ y_{2m} - y_m \end{pmatrix} = R(240) \begin{pmatrix} x_{6m} - x_m \\ y_{6m} - y_m \end{pmatrix} \tag{4.5}$$

もなりたちます．

式 (4.4), (4.5) の合計 $2m$ 個の方程式は，タイリング可能性を保つ辺の変形ルールを点の座標が満たすべき制約として表したものにほかなりません．図 4.2 の正六角形の残りの 2 つの回転中心のまわりでも同様の制約が得られます．したがって，図形 U がタイリング可能であるための制約は，合計 $6m$ 個の方程式で表されることがわかります．$n = 6m$ でしたからこの連立方程式は $2n$ 個の変数に対する n 個の方程式からなっています．

式 (4.4), (4.5) は，未知数 $x_1, y_1, \ldots, x_n, y_n$ に関する線形方程式で，しかもいずれも定数項を含みません．したがって，これらをまとめて

$$A\boldsymbol{u} = \boldsymbol{0} \tag{4.6}$$

で表すことにします．ただし，$\boldsymbol{u}$ は式 (4.1) で定義した $2n$ 次元の未知数ベクトルで，A は n 行，$2n$ 列の定数ベクトルです．

ここでは等長変換群 p3 を例にあげて説明しましたが，タイリングを生成する他の等長変換群に対しても，タイリング可能性を保つ辺の変形ルールは，同様に定数項を含まない連立線形方程式によって表すことができます．したがって，タイリングのための未知図形 U は式 (4.6) の形の制約の中で探せばよいということがわかりました．

4.3 目標図形に近づけるためには

次に，未知図形 U と目標図形 W ができるだけ近いということをどう表したらよいかについて考えてみましょう．どちらの図形も n 個の点の列で表されていますから，これらを 1 対 1 に対応づけることにします．すなわち，図 4.3 に示すように，$i = 1, 2, \ldots, n$ に対して，図形 U の点 P_i が図形 W の点 Q_i に対応するとします．

このとき，2 つの図形が近いことをすなおに表現すると，すべての i に対

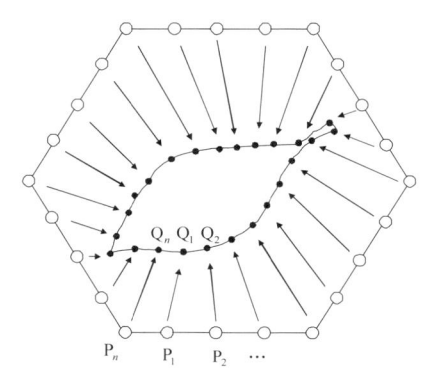

図 4.3　図形の境界点同士の 1 対 1 対応.

して，P_i と Q_i が近いということでしょう．そこで，P_i と Q_i のユークリッド距離を $d(P_i, Q_i)$ で表します．

$$F = \sum_{i=1}^{n} d^2(P_i, Q_i) \tag{4.7}$$

と置き，この F ができるだけ小さくなるように図形 U を探すことにします．

ここで

$$F' = \sum_{i=1}^{n} d(P_i, Q_i) \tag{4.8}$$

と単純に距離の和を考えてそれを小さくしようとするのではなくて，距離を 2 乗してから和をとっていることに注意してください．これには訳があります．

図 4.4(a) の黒丸で示した点列を W としましょう．そして，同図の (b) と (c) に白丸で示すように，この点と 1 対 1 対応する 2 つの点列を考えてみましょう．(b) では，白丸と黒丸の点がそれぞれ距離 1 だけ離れているとしましょう．一方，(c) では，白丸と黒丸の点対のうち $n-1$ 組は距離が 0 で（すなわち位置がぴったりと一致し），残りの 1 組は距離 n だけ離れている

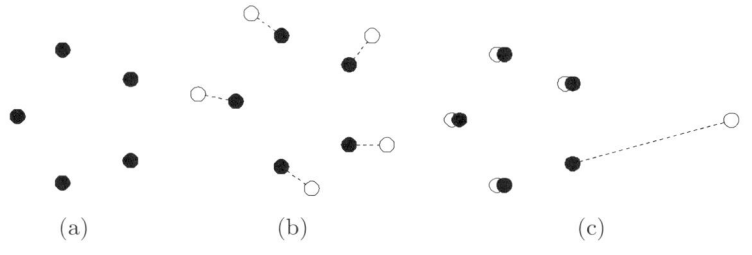

図 4.4 距離の和と距離の 2 乗和の違い.

としましょう．このとき，(c) より (b) のほうが黒丸の点列で表された図形に近いでしょう．なぜなら，1 つ 1 つの点の位置は少しずつ違っていますが，全体として大きく異なることはないからです．一方の (c) は，1 組の点対だけが離れていますが，その離れ方が大きいので，点列をつないでできる図形の全体的な形は大きく異なると思います．ところが，式 (4.8) で定義される F' という量は図 4.4 の (b) と (c) で同じ値をとります．だから，この式では，すべての点が少しずつずれている場合と，1 点だけが大きくずれている場合の差が出ません．私たちがほしいのは，1 点だけ大きくずれているよりは，すべての点が少しずつずれているほうが図形として近いという直感に合う指標です．これは，式 (4.7) の F によって得られます．距離を 2 乗していますから，大きく離れている点対に対しては値が大きく評価され，F を小さくすることによって，そのような図形は排除できるようになるのです．

これで $d(P_i, Q_i)$ の直接の和ではなくて $d(P_i, Q_i)$ を累乗したあとの和を小さくしようとする理由は，わかっていただけたと思います．でも，なぜ 2 乗なのでしょうか．3 乗とか 4 乗とかにしたほうが，ずれの大きいところがもっと顕著におさえられて，より目的にかなっているのではないでしょうか．そのように感じられる読者の方もいらっしゃるのではないかと思います．

でも，3 乗や 4 乗ではなくて 2 乗がいいのです．なぜなら，2 乗してから和をとった値 F を最小化しようとすると，計算がとても簡単になるからです．次にそれを示しましょう．

点 P_i の座標を (x_i, y_i) と置きましたが，ここで点 Q_i の座標を $(\overline{x}_i, \overline{y}_i)$ と置くことにしましょう．したがって，

$$\boldsymbol{w} = (\overline{x}_1, \overline{y}_1, \ldots, \overline{x}_n, \overline{y}_n)^{\mathrm{t}} \tag{4.9}$$

です．このとき，式 (4.7) の F は次のように変形できます．

$$F = \sum_{i=1}^{n} \left\{ (x_i - \overline{x}_i)^2 + (y_i - \overline{y}_i)^2 \right\}$$

$$= (x_1 - \overline{x}_1, y_1 - \overline{y}_1, \ldots, x_n - \overline{x}_n, y_n - \overline{y}_n) \begin{pmatrix} x_1 - \overline{x}_1 \\ y_1 - \overline{y}_1 \\ \vdots \\ x_n - \overline{x}_n \\ y_n - \overline{y}_n \end{pmatrix}$$

$$= (\boldsymbol{u} - \boldsymbol{w})^{\mathrm{t}} \cdot (\boldsymbol{u} - \boldsymbol{w}). \tag{4.10}$$

このように，F は，$\boldsymbol{u} - \boldsymbol{w}$ というベクトルの内積の形に書き表すことができました．

私たちの目標は，図形 U はタイリングができるという条件 (4.6) のもとで，2 つの図形 U と W の差である式 (4.10) の値を最小にすることでした．

まず，式 (4.6) を少し書き換えます．式 (4.6) は $2n$ 個の変数に対する n 個の方程式からなりたっていました．つまり，方程式の数より変数の数のほうがはるかに多い方程式です．したがって，その解はたくさんの自由度をもちます．そして，その解全体，すなわち式 (4.6) を満たすベクトル $\boldsymbol{u}$ の全体は $2n$ 次元空間における線形部分空間をなします．この部分空間は方程式 (4.6) の解空間とよばれます．この解空間の次元を k としましょう．

いま，この解空間を張る正規直交基底を 1 つ選び，それを $(\boldsymbol{g}_1, \boldsymbol{g}_2, \ldots, \boldsymbol{g}_k)$ としましょう．$\boldsymbol{g}_i$ は $2n$ 次元の縦ベクトルです．これらを並べてできる行列を G としましょう．すなわち

$$G = (\boldsymbol{g}_1, \boldsymbol{g}_2, \ldots, \boldsymbol{g}_k) \tag{4.11}$$

です．このとき，$\boldsymbol{u}$ は，k 次元の変数ベクトル $\boldsymbol{z}$ を用いて

$$\boldsymbol{u} = G\boldsymbol{z} \tag{4.12}$$

と書き表すことができます．これが，方程式 (4.6) の解の一般形です．

さて，この式 (4.12) を式 (4.10) に代入しましょう．すると F は次のように変形できます．

$$F = (G\boldsymbol{z} - \boldsymbol{w})^{\mathrm{t}} \cdot (G\boldsymbol{z} - \boldsymbol{w}). \tag{4.13}$$

その結果，私たちの目標は，式 (4.13) の F を最小とする $\boldsymbol{z}$ を求めることに帰着されました．もともと，式 (4.6) の条件のもとで，式 (4.7) の F を最小化したかったのですが，式 (4.13) では，条件なしで，単純にこの式の最小化を考えればよいという形になっています．すなわち，条件なしの最小化問題に簡単化されたわけです．

いま，$\boldsymbol{z}$ は

$$\boldsymbol{z} = (z_1, z_2, \ldots, z_k)^{\mathrm{t}} \tag{4.14}$$

であったとしましょう．このとき，式 (4.13) の F を最小にする $\boldsymbol{z}$ は

$$\frac{\partial F}{\partial z_i} = 0, \quad i = 1, 2, \ldots, k \tag{4.15}$$

を満たさなければなりません．なぜなら，式 (4.13) は $\boldsymbol{z}$ に関して連続で，いたるところ微分できる関数ですから，それが最小値をとるのは，$\boldsymbol{z}$ のどの成分についても極小値を達成していなければならないからです．

一般には，式 (4.15) を満たす $\boldsymbol{z}$ は，極小値ではなくて極大値かもしれません．また，ある成分については極小となり別の成分については極大となることもあるかもしれません．でも，いまはそんな複雑なことは考えなくてよいのです．なぜなら式 (4.13) は $\boldsymbol{z}$ に関する 2 次式でその値は非負ですから，最小値が 1 個あり，それ以外に極値も，変曲点ももたないからです．

実際，式 (4.15) を書き下してみると

$$\begin{aligned}\frac{\partial F}{\partial z_i} &= \frac{\partial [(G\boldsymbol{z} - \boldsymbol{w})^{\mathrm{t}} \cdot (G\boldsymbol{z} - \boldsymbol{w})]}{\partial z_i} \\ &= 2(G\boldsymbol{z} - \boldsymbol{w})^{\mathrm{t}} \cdot \boldsymbol{g}_i = 0, \qquad i = 1, 2, \ldots, k\end{aligned} \tag{4.16}$$

となります．

式 (4.16) は k 個の方程式からなりますが，それらはまとめて

$$(G\boldsymbol{z} - \boldsymbol{w})^{\mathrm{t}} \cdot G = 0 \tag{4.17}$$

と書きなおせます．この式の左辺は 1 つの実数値ですから，全体を転置しても値は変わりません．したがって，この式はさらに

$$G^{\mathrm{t}}(G\boldsymbol{z} - \boldsymbol{w}) = G^{\mathrm{t}}G\boldsymbol{z} - G^{\mathrm{t}}\boldsymbol{w} = 0 \tag{4.18}$$

と書き直せます．G は正規直交行列でしたから $G^{\mathrm{t}}G$ は単位行列となります．したがって式 (4.18) はさらに

$$\boldsymbol{z} = G^{\mathrm{t}}\boldsymbol{w} \tag{4.19}$$

と書くことができます．

このように，G さえ求めれば，与えられた図形 W から定まる定数ベクトル $\boldsymbol{w}$ を使って式 (4.19) で $\boldsymbol{z}$ が求まり，これを式 (4.12) に代入することによって $\boldsymbol{u}$ が求まります．つまり，W にもっとも近いタイリング可能図形 U が計算できたわけです．

式 (4.6) の解空間を張る正規直交基底（すなわち行列 G）を求める操作は，線形代数の基本技術の 1 つです（文献 [28]）．したがって，目標図形 W が与えられたとき，それに近いタイリング可能図形 U を求めることは難しくはありません．

このように計算が簡単になったのは，2 つの図形 U, W の距離を式 (4.7) に示したとおり，2 乗の和を使って評価したからです．この式が変数 $\boldsymbol{u}$ に関して 2 次式であり，これを，制約 (4.6) を加味した変数 $\boldsymbol{z}$ に変換してもやはり 2 次式であり，したがって，最小値を求めるために変数に関して微分した式が，$\boldsymbol{z}$ に関して 1 次式になったからこそ計算が簡単になりました．これが，最小にしたい目的関数として，変数の 2 次式を選んだ効果です．3 乗の和や 4 乗の和を最小にしようとしても，このような簡単な計算には帰着できません．

4.4 最適タイルの探索

以上の計算法で，与えられた図形 W に近いタイリング可能図形 U を求めることができるようになりました．ただし，この手続きの途中で，U と W の境界上の点を反時計回りに並べた列 $(P_1, P_2, \ldots, P_n)$ と $(Q_1, Q_2, \ldots, Q_n)$ の間に自然に 1 対 1 対応を定めました．でも，ぐるっと一回りする点列の最初の点 P_1 と Q_1 を勝手に選んで 1 対 1 対応をとっても，うまく対応がとれるとは限りません．W にもっとも近いタイルの形 U を求めるためには，出発点のすべての取り方を試してみる必要があるでしょう．

したがって，点列 $(Q_1, Q_2, \ldots, Q_n)$ に対して $(P_1, P_2, \ldots, P_n)$ を i だけずらしてできる点列 $(P_i, P_{i+1}, \ldots, P_n, P_1, \ldots, P_{i-1})$ を対応させるということをすべての $i = 1, 2, \ldots, n$ に対して行い，その中で，目的関数 F を最小にするものを採用するのがよいでしょう．そして，これを，17 種類のタイルを生成する等長変換群のそれぞれに対して行い，もっとも F の値の小さいものを採用したとき，はじめて，W にもっとも近いタイルの形を求めることができるわけです．

この方法で作ったタイリングパターンの例を図 4.5, 4.6 に示しました．どちらの図においても，(a) に描かれた大きい図が，目標図形 W を表し，小さい図形がこの方法で得られた最適なタイル図形 U を表します．そして，

(a)　　　　　　　　　　(b)

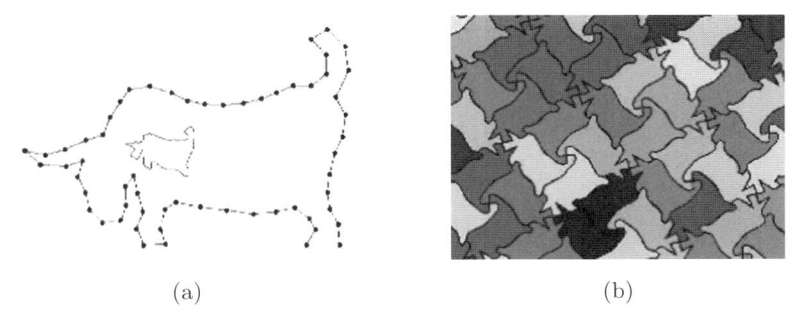

図 **4.5**　最適タイルによるタイリングの例 1：ウシ（[23] より）．

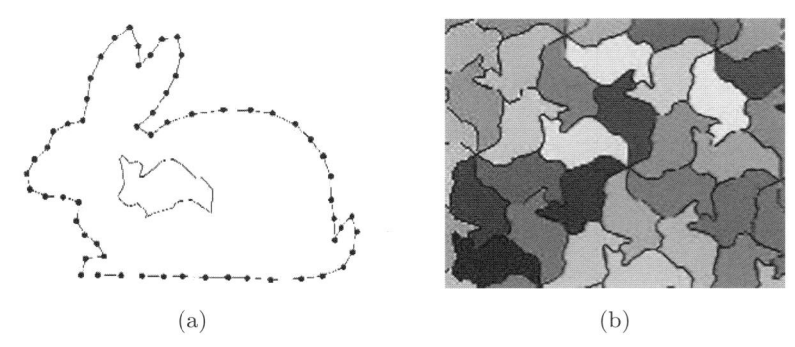

図 **4.6** 最適タイルによるタイリングの例 2：ウサギ（[23] より）.

(b) は，このタイルを平面に敷き詰めて得られるタイリングパターンを示します．図 4.5 は，90 度回転と直交する 2 つの方向の並進から生成されるタイリング p4 で実現され，図 4.6 は 120 度回転と並進から生成されるタイリング p3 で実現されています．

5
さまざまなタイリング

　いままでは，1つのタイルを敷き詰めてできる周期的タイリングに焦点を合わせて，そのエッシャー化を考えてきました．しかし，タイリングは必ずしも周期的なものばかりではありませんし，またタイルの種類も1種類に限るものばかりではありません．タイリングには多様な種類のものがあり，その中にはエッシャー化の対象にできるものも少なくありません．本章では等長変換が作る不連続群の基本領域とは限らない，より一般のタイリングの中から代表的なものをいくつか取り上げます．

小平弘明 作：「X」，2007.

5.1 勢力圏図から生まれるタイリング

平面 $\mathbf{R}^2$ 上に指定された離散的な点の集合を $S = \{\mathrm{P}_1, \mathrm{P}_2, \ldots\}$ とします．点 P, Q の距離を $d(\mathrm{P}, \mathrm{Q})$ で表します．平面上の点で，S の中の他のどの点よりも P_i に近いものを集めてできる領域を

$$R(S; \mathrm{P}_i) = \bigcap_{\mathrm{P}_j \in S - \{\mathrm{P}_i\}} \{\mathrm{P} \in \mathbf{R}^2 \mid d(\mathrm{P}, \mathrm{P}_i) < d(\mathrm{P}, \mathrm{P}_j)\}$$

と置きます．平面は $R(S; \mathrm{P}_i)$, $i = 1, 2, 3, \ldots$, とそれらの境界に分割されます．この分割図形を**ボロノイ図** (Voronoi diagram) といい，$R(S; \mathrm{P}_i)$ を，P_i の**ボロノイ領域** (Voronoi region) といいます．S の要素をこのボロノイ図の**生成元** (generator) または**母点** (generating point) といいます（文献 [4], [40]）．

ボロノイ図の例を図 5.1 に示しました．図の黒丸は生成元を表し，実線がボロノイ領域の境界を表します．

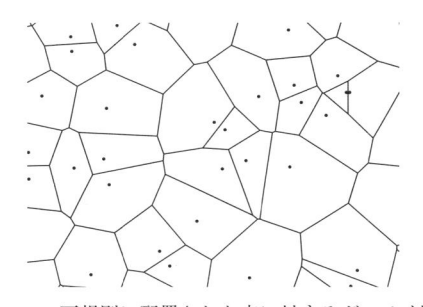

図 **5.1** 不規則に配置された点に対するボロノイ図．

P_i のボロノイ領域は P_i の**勢力圏** (dominant region) とよばれ，ボロノイ図は**勢力圏図** (tessellation to dominant regions) とよばれることもあります．

ボロノイ図は，多結晶構造のモデルとみなすことができます．生成元の位置から結晶が同時に，すべての方向に等方的に成長しはじめるとしましょ

う．結晶は，まわりが他の結晶で埋まっていない限り成長し続け，他の結晶とぶつかったところで，その方向への成長は止まります．この現象が十分時間が経つまで進行した結果は，ボロノイ図と一致します．

生成元が規則的に配置された場合のボロノイ図を考えてみましょう．図5.2 は 2 組の互いに平行ではないベクトル $\boldsymbol{u}, \boldsymbol{v}$ による平行移動から生成される群によって原点が移される点を生成元とするボロノイ図です．この図の (a), (b), (c), (d) は，$\boldsymbol{u}$ は共通で $\boldsymbol{v}$ をいろいろ変化させた場合を示しています．この図からわかるように，規則的に配置された生成元に対するボロノイ図によっても周期的タイミングを作り出すことができます．

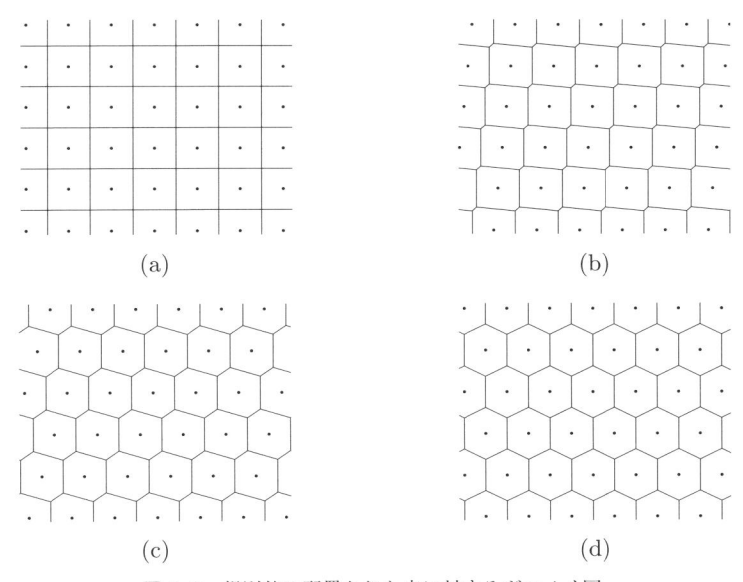

図 **5.2** 規則的に配置された点に対するボロノイ図．

不連続な等長変換群 G が与えられたとき，それに対応する基本領域は，それぞれ直観に基づいて個別に求めてきました．しかし，ボロノイ図を使うと，この基本領域の例を統一的な方法で作ることができます．上の図 5.2 もその例ですが，これは，最初の点をどこに置いても同じ生成元配置が得られるという特殊な場合なので，もっと一般の場合の例も次に示しましょう．

90 度回転と並進によって生成されるタイリング p4 を考えましょう．図 5.3(a) に示したのは 90 度回転の中心を原点とし，平行移動を x 軸に平行な方向とした場合です．ただし，この時点で基本領域の形を知らないとします．平面上に任意の 1 点を図の白丸のようにとり，それがこの変換群の要素によって移される先を黒丸で示しました．90 度回転をくり返すと 1 つの回転中心のまわりに 4 点が置かれ，それが平行移動で，他の回転中心のまわりへコピーされてこの点配置が得られます．

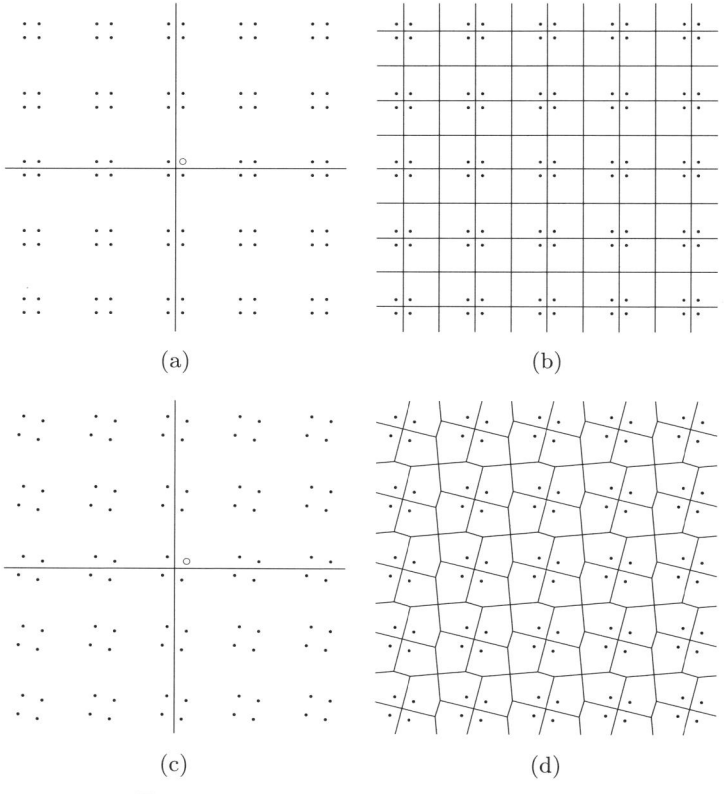

図 **5.3** ボロノイ図を利用した基本領域の生成法．

次にこれらの点を生成元とするボロノイ図を作ると，図 5.3(b) が得られ

ます．得られたボロノイ領域はすべて同じ形をしており，1種類のタイルによるタイリングとなっていることがわかります．すなわち，このボロノイ図のボロノイ領域が基本領域となります．

ボロノイ領域がすべて同じ形になるのは偶然ではありません．G が変換群であり，任意の2点が G に属する変換によって互いに移り合うので，1点とその近くの他の点との相対的な位置関係はどの点から見ても同じです．したがって，ボロノイ領域は同じ形となるのです．このように，ボロノイ図を利用すれば，G から基本領域の1つを作ることができます．

最初に与える1点（図 5.3(a) の白丸の点）の位置を変更すれば，異なるボロノイ図が得られますから，基本領域としても異なるものが得られます．たとえば図 5.3(c) に白丸で示すように最初の点を選ぶと，(a) と同じ不連続群 G によってそれがコピーされた結果は，同図の黒丸で示した配置になります．そして，それを生成元とするボロノイ図は同図の (d) に示すようになります．このように，出発点となる最初の1つの点の置き場所を変えると，それに連動して基本領域の形も変わり，これによって多様な基本領域を作ることができます．そして，これをエッシャー化の出発点として用いることができます．

5.2 勢力圏図を利用した対話的エッシャー化

タイルを生成する不連続等長変換群の1つを G としましょう．前節では1点のみを最初に与え，それを G に属する変換で移してできる点群の勢力圏図を考えました．しかし，最初に与える点は1点でなくてもかまいません．有限個の点からなる点集合 S_0 を最初に任意に与えたとしましょう．そして，これを変換 $g \in G$ によって移してできる点集合を $g(S_0)$ とします，さらに，g を G 内で動かしたとき得られる同様の点集合をすべて集めたものを S と置きます．すなわち

$$S = \bigcup_{g \in G} g(S_0)$$

です．そして，S に対するボロノイ図を作り，それを $V(S)$ で表すことにし

ます.

$V(S)$ 自体は多くの異なるタイルによって構成されるタイリングとなります. しかし, ここで, 1つの変換 $g \in G$ によって S_0 を移した点集合 $g(S_0)$ を1つのまとまりとみなし, $g(S_0)$ に属す点のボロノイ領域の和集合を作ります. そして, それを $V(g(S_0))$ と置きましょう. $V(g(S_0))$ は平面上の1つの領域を表します. g を G 内で動かして, 同様の領域をすべて集めると, 領域の集合 $\{V(g(S_0)) \mid g \in G\}$ が得られます. これは1種類のタイルのみによるタイリングとなります. なぜなら, $g \in G$ によって S_0 を移した点集合 $g(S_0)$ は, まわりの他の同様の点集合と互いに同じ位置関係となり, それらのボロノイ領域の和集合が同じ形の領域となるからです.

図 5.4 に例を示しました. この図の (a) の黒丸は最初に与えた点の集合 S_0 で, 白丸はこれを並進と 120 度回転の組合せで生成される群 G の要素によって移した結果です. そして, 実線がそのボロノイ図です. 太い線は異なる G の要素によって移った点の境界を表し, 細い線は同一の G の要素によって移った点の境界を表します. 一方, 同図の (b) は, このタイリングに彩色を施した結果です. この図から同一の形のタイルで平面が覆われていることがわかります.

(a) (b)

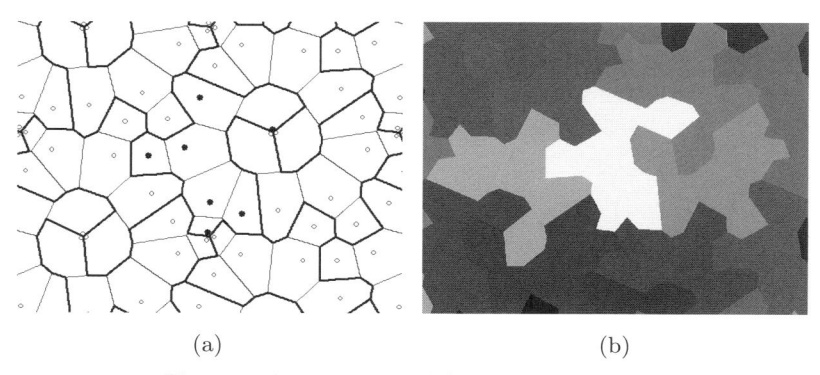

図 5.4 タイリング p3 から生成された作品「ポニー」.

同じ方法で作ったタイリングの例をあと 2 つあげましょう. 図 5.5 は, 2つの方向の並進から生成される群 G に対して黒丸の点を S_0 として作ったタ

(a) (b)

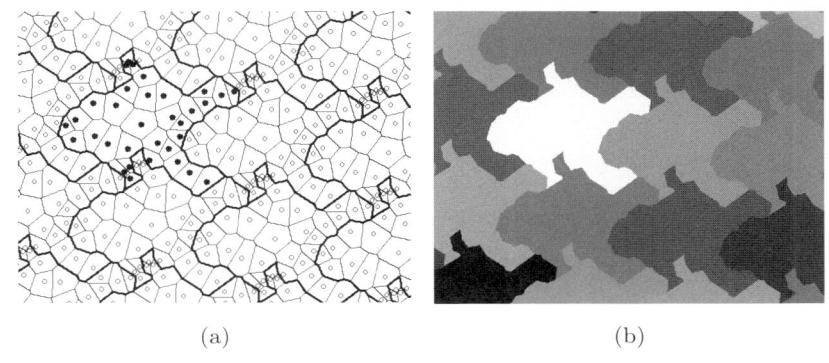

図 5.5 タイリング p1 から生成された作品「かえる」.

(a) (b)

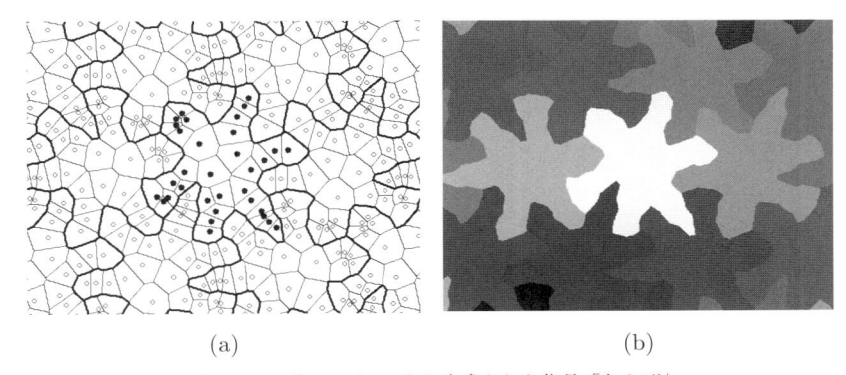

図 5.6 タイリング p3 から生成された作品「とかげ」.

イリングです．一方，図 5.6 は，120 度の回転と並進によって生成される群に対して，黒丸の点を初期点集合として作ったタイリングの結果です．

　図 5.4，5.5，5.6 のタイリングは，私自身がコンピュータと対話しながら作りました．私が与えたのはこれらの図の黒丸の頂点のみです．それを与えられた G によって変換し，そのボロノイ図において，同一の G の要素で変換された点のボロノイ領域が各図の (a) で表されています．実際に黒丸を与えるときには，すでに入力した黒丸の点の位置をずらしたり，点を追加したり，除去したりできるソフトウェアを作りました．図 5.4，5.5，5.6 は，こ

のような操作を試行錯誤的にくり返しながら，望みのタイルの形に近づけていった結果です．

5.3 三角形によるタイリング

本節では，タイルの形を三角形に限定します．1種類の三角形タイルで平面を埋め尽くすことができるためには，その三角形がどのような性質を満たさなければならないかを考えてみましょう．まず平面上に1つの三角形を置き，それをタイルとみなします．そしてそのまわりにそのタイルのコピーを次々と置いていく方法のうち，次の2種類の置き方を考えましょう．

その第1は，図5.7に示すように，三角形の辺の中点での点対称操作によってコピーを置いていく方法です．この場合には，任意の三角形を使ってタイリングができます．なぜなら，辺で隣り合う2つの三角形が一緒になって平行四辺形となり，その平行四辺形を2つの方向へ平行移動してできるタイリングと一致するからです．

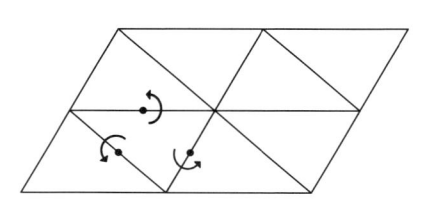

図 5.7 三角形の辺の中点での点対称によるタイリング．

次に，三角形の辺での線対称操作によってコピーを置いていく方法を考えてみましょう．この方法で平面を埋め尽くすためには，三角形はいくつかの条件を満たさなければなりません．タイルとして用いる三角形の3頂点をA, B, C とします．

図5.8に示すように，三角形の1つの頂点のまわりでは同じ角度がくり返されます．これが1周したところでもとの三角形と重ならなければなりません．したがって，まず第1に三角形の頂角は，2π を整数等分した値でなければなりません．すなわち，次の条件が満たされなければならないことが

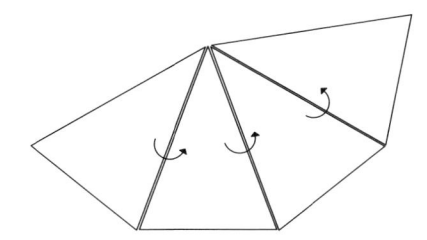

図 **5.8** 三角形の辺での線対称によるタイリング.

わかります.

条件 1. $a, b, c \geq 3$ を満たす整数の組 (a, b, c) があって,
$$\angle A = \frac{2\pi}{a}, \quad \angle B = \frac{2\pi}{b}, \quad \angle C = \frac{2\pi}{c}$$
でなければならない.

さらに,a が奇数ならば,頂点 A のまわりを 1 周して重なるときには,最初の三角形を裏返した三角形となってしまいます.それが最初の三角形とぴったり一致するためには,三角形が頂点 A に関して二等辺三角形(すなわち $\angle B = \angle C$)でなければなりません.b と c に関しても同様です.したがって,次の条件も必要です.

条件 2. 組 (a, b, c) は
$$a \text{ が奇数ならば } b = c,$$
$$b \text{ が奇数ならば } a = c,$$
$$c \text{ が奇数ならば } a = b$$
でなければならない.

三角形の内角の和は π ですから
$$\angle A + \angle B + \angle C = \frac{2\pi}{a} + \frac{2\pi}{b} + \frac{2\pi}{c} = \pi$$
となります.これから次の条件が得られます.

条件 3. 組 (a, b, c) は
$$\frac{1}{a} + \frac{1}{b} + \frac{1}{c} = \frac{1}{2}$$
を満たさなければならない．

条件 1, 2, 3 を満たす組 (a, b, c) を探してみましょう．

条件 3 より，$1/a, 1/b, 1/c$ の合計が $1/2$ ですから，もし，$1/a, 1/b, 1/c$ がすべて等しければ，それらの値は $1/6$ となります．一般には等しくはありませんが，その場合には $1/a, 1/b, 1/c$ のうちの最小値は $1/6$ 以下，最大値は $1/6$ 以上となります．言い換えると，a, b, c の最小値は 6 以下，最大値は 6 以上です．いま，一般性を失うことなく $a \leq b \leq c$ と仮定します．上の議論から a は 6 以下です．もともと条件 1 より a, b, c は 3 以上でした．したがって
$$3 \leq a \leq 6$$
です．以下では，$a = 3, 4, 5, 6$ の場合を順に調べていきましょう．

場合 1) $a = 3$ としましょう．このとき
$$\frac{1}{b} + \frac{1}{c} = \frac{1}{2} - \frac{1}{3} = \frac{1}{6}$$
となります．一方，条件 2 より $b = c$ ですから，$b = c = 12$ でなければなりません．したがって，組 $(3, 12, 12)$ が得られます．これは頂角が 120 度の二等辺三角形です．

場合 2) $a = 4$ としましょう．このとき
$$\frac{1}{b} + \frac{1}{c} = \frac{1}{2} - \frac{1}{4} = \frac{1}{4}$$
となります．したがって，$1/b$（すなわち $1/b$ と $1/c$ のうち小さくないほう）は $1/8$ 以上でなければなりません．すなわち $4 \leq b \leq 8$ です．$b = 4$ のときは
$$\frac{1}{c} = \frac{1}{4} - \frac{1}{b} = 0$$

となりますが，そのような c はあり得ません．$b = 5, b = 7$ のときは条件 2 より $a = c$ でなければなりませんが，これは $a = 4 < b \leq c$ に反します．

$b = 6$ のときは，
$$\frac{1}{c} = \frac{1}{4} - \frac{1}{6} = \frac{1}{12}$$
となり，組 $(4, 6, 12)$ が得られます．これは頂角が 30 度，60 度，90 度の直角三角形です．

$b = 8$ のときには
$$\frac{1}{c} = \frac{1}{4} - \frac{1}{8} = \frac{1}{8}$$
となり，組 $(4, 8, 8)$ が得られます．これは直角二等辺三角形です．

場合 3) $a = 5$ としましょう．条件 2 より $b = c$ ですが
$$\frac{1}{b} + \frac{1}{c} = \frac{1}{2} - \frac{1}{5} = \frac{3}{10}$$
ですから $b = c = 20/3$ となり，整数とはなりません．したがって，この場合には条件に合う三角形は存在しません．

場合 4) $a = 6$ としましょう．このときは，組 $(6, 6, 6)$ が得られます．これは正三角形です．

以上をまとめると，条件 1，2，3 を満たす組 (a, b, c) とそれに対応する三角形は

$(6, 6, 6)$　　　正三角形

$(4, 8, 8)$　　　直角二等辺三角形

$(3, 12, 12)$　　頂角 120 度の二等辺三角形

$(4, 6, 12)$　　頂角が 30 度，60 度，90 度の直角三角形

の 4 種類に限られることがわかります．

上で考えたタイリングでは，タイルを辺で折り返して敷き詰めていきますから，タイリング辺はその辺に関して線対称でなければなりません．したがって，エッシャー化による変形はまったくできません．ただし，タイリング辺の変形ではなくて，タイル自身の分割など別の方法による変形はできま

す．実際にエッシャーはその方法でこの種の三角形タイリングからもすばらしいタイリングアートを作っています．これについては，次の章でくわしく見ていきます．

5.4 非周期的なタイリング

自明な非周期的タイリング

周期的タイリングでは，もとのタイリングとぴったり一致する平行移動の方向で互いに平行ではないものが2つ以上ありました．ここでは，そのような平行移動の方向をもたないいくつかの非周期的タイリングについて見ていきましょう．非周期的タイリングは，周期的タイリングからも作ることができます．そのためには，たとえば図5.9に示すように，周期的タイリングの各タイルを2つに分ける際に，1カ所だけ分ける向きを他と異なるように選べばよいのです．この操作は，たとえば90度回転を含む群によって生成されるタイリングに対して施すことができます．

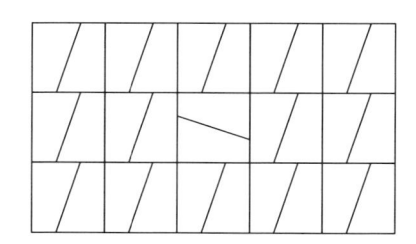

図 5.9 周期的タイリングから作られる自明な非周期的タイリング．

同心円的タイリングとらせん的タイリング

図 5.10(a) に示すように，三角形を原点のまわりに同心円的に配置して平面を埋め尽くすことができます．これによってもタイリングができますが，中心があるために，どのように平行移動しても重なりません．したがって非周期的です．また，図 5.10(b) のように，原点を通る直線に沿ってこれを切断し，少しずらすと，らせん状に三角形が配置されたタイリングが得られま

5.4 非周期的なタイリング　　85

(a)　　　　　　　　　　(b)

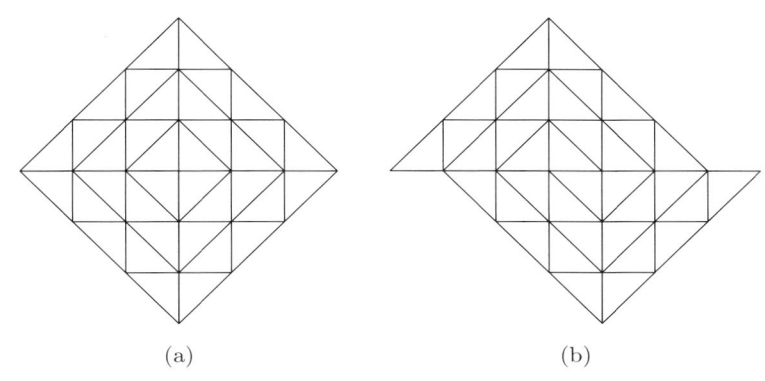

図 **5.10**　同心円的タイリングとらせん的タイリング.

す．これも非周期的タイリングです．

　このらせん状のタイリングは，タイルを裏返さないで，平行移動と回転操作によって敷き詰めたものと考えることができます．ここで，図 5.11(a) に示すように有向辺にラベル a, b, c をつけます．このとき，タイルの短い辺 a に対しては，同図の (b) に示すように，同じラベルで向きだけ異なる組合せが現れますから，辺の中点に関して点対称な図形の範囲でエッシャー化ができます．また，辺 a と c は，同図の (c) に示す接続の組合せが現れますから，辺 c は辺 a と凹凸が逆の変形のみが許されます．一方，長い辺 b に対しては，同図の (d) に示すように，同じラベルで向きだけ異なる接続の組合せのみが現れますから，やはり辺の中点に関して点対称な範囲でエッシャー化ができます．

　これらを組み合わせたタイルのエッシャー化の一例を同図の (e) に示します．このタイルを使うと，図 5.10(a), (b) のタイリングから，それぞれ，図 5.12(a), (b) のタイリングが得られます．

ペンローズのタイリング

　いままでに示した非周期的タイリングで使われたタイルは，組み合わせ方によって周期的タイリングにもなるものでした．一方，あるルールのもとでどのように組み合わせても非周期的なタイリングしか得られないタイルも知

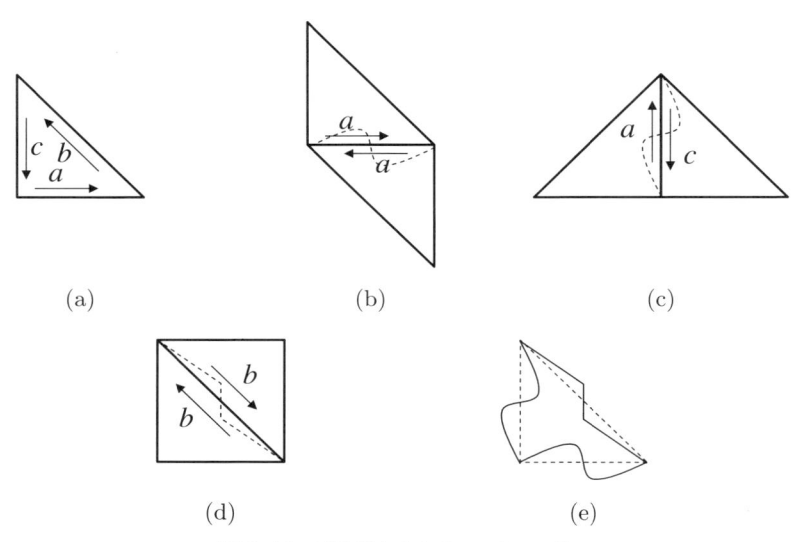

図 **5.11** 三角形タイルのエッシャー化.

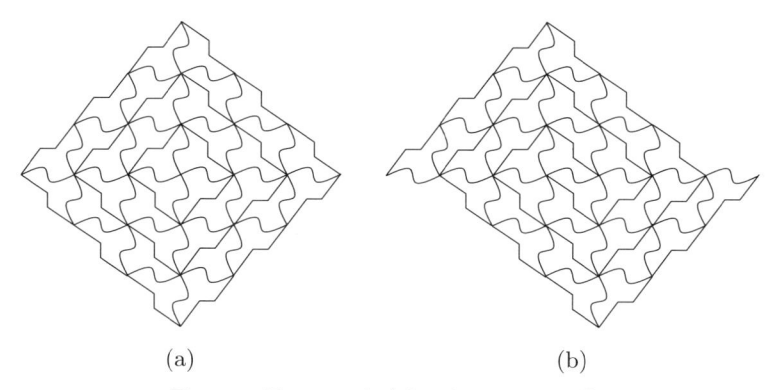

図 **5.12** 図 5.10 のタイリングのエッシャー化.

られています．そのもっとも簡単な例を次に示しましょう．

イギリスの物理学者ペンローズ (Sir Roger Penrose, 1931-) は，図 5.13 に示す 2 種類のタイルによって興味深いタイリングが得られることを示しました（文献 [15]）．このタイルは，図の (a) に示すように，1 つの角度が

図 5.13 ペンローズのタイル．

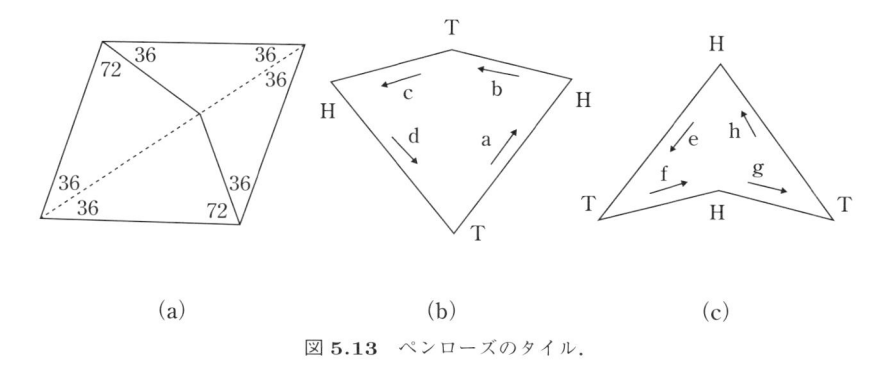

72度のひし形を，2つの四角形に分けて作ることができます．このうち図の (b) に示す凸な四角形をたこ (kite) とよび，(c) に示すもう一方の四角形を矢 (dart) とよびます．

この2種類のタイルは，図 5.13(a) に示すように組み合わせてひし形にできますから，このひし形を敷き詰めることによって周期的タイリングもできます．しかし，ひし形を作ることを禁止すると，どのように組み合わせても非周期的なタイリングになってしまうことをペンローズは示しました．

図 5.13 の (b) と (c) に示すように，2つのタイルの頂点に H と T のラベルをつけます．そして，これらのタイルを敷き詰めるとき，「異なるラベルの頂点が接してはいけない」というルールを設けます．これによってひし形を禁止できます．このルールのもとで，ペンローズのタイルをどのように敷き詰めても，でき上がるタイリングは周期性をもちません．

ここで，「たこ」の辺には図 5.13(b) に示すように a, b, c, d のラベルと向きをつけ，「矢」の辺には同図 (c) に示すように e, f, g, h のラベルと向きをつけましょう．このとき，長い辺の組み合わせ方は図 5.14 の (a), (b), (c), (d) の4種類ですから，これらはまとめることができて，1つの共通の変形によるエッシャー化が許されます．すなわち，a と h に同じ変形を施し，それと一致するように d と e には凹凸を反転させた変形を施します．

また，短い辺の組合せは，図 5.15 の (a), (b), (c) に示すように3種類しかありません．したがって，b と c は互いに凹凸が反対となり，さらに b と

(a) (b) (c) (d)

図 5.14 長い辺の組合せ.

(a) (b) (c)

図 5.15 短い辺の組合せ.

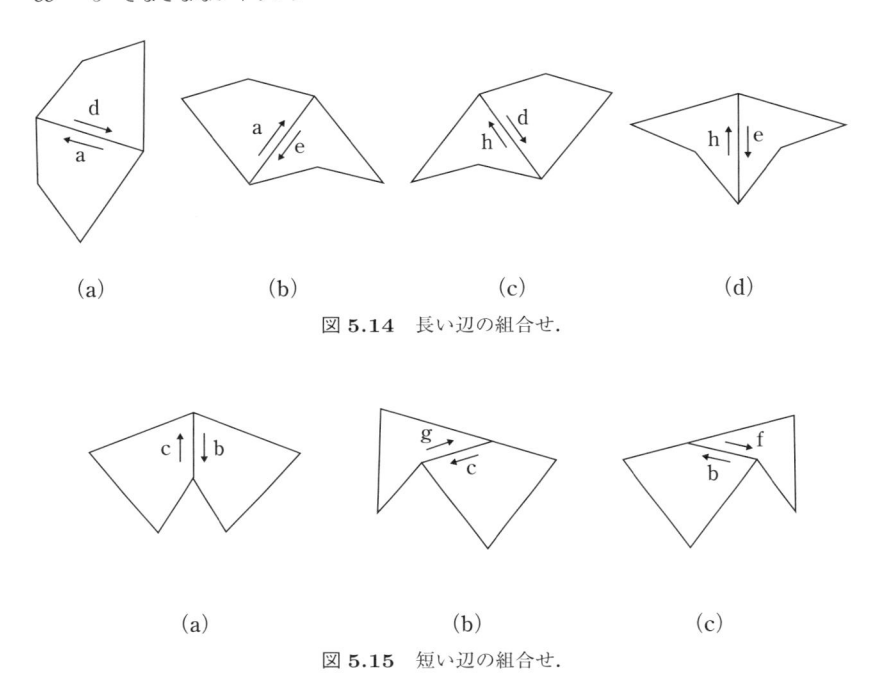

g が一致し，c と f も一致するという範囲で変形を施すことができます．谷岡 [42] にはこの方法で作られたすてきなエッシャー化が紹介されています．

私自身が作ったそのような変形の一例を図 5.16 に示します．この図の (a) は「たこ」の変形を表し，(b) は「矢」の変形を表します．この変形を

(a) (b)

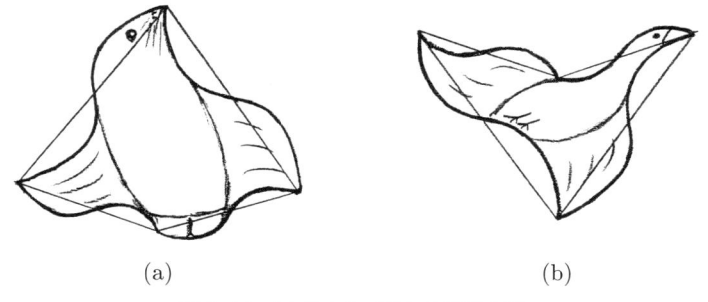

図 5.16 「たこ」と「矢」の変形の例.

5.4 非周期的なタイリング　89

(a)　　　　　　　　　　(b)

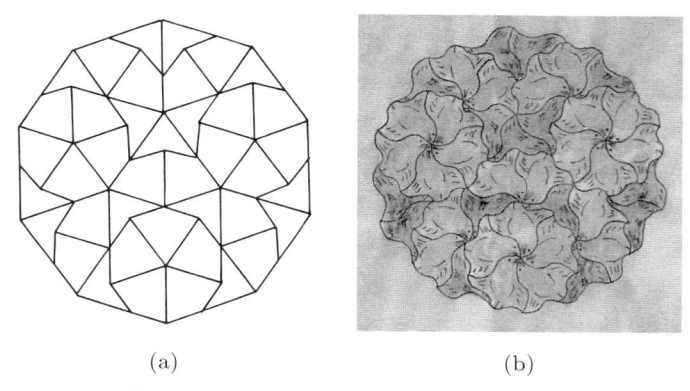

図 **5.17**　ペンローズタイリングのエッシャー化.

図 5.17(a) の非周期的タイリングに適用してエッシャー化を施すと，同図の (b) に示す作品ができ上がります．もしエッシャーがペンローズのタイリングに出会っていたら，それをもとにすばらしい作品を残したことでしょう．ペンローズ自身も，ペンローズタイリングのエッシャー化の可能性について論じています（文献 [26]）.

6
「円の極限 IV（天国と地獄）」
非ユークリッド空間でのタイリング

　エッシャーの作品の中には，タイルの密度が場所によって異なるという性質をもったタイリングアートがあります．たとえば，口絵にも掲げた有名な作品「円の極限 IV（天国と地獄）」(1960) では，円の内部にタイルが敷き詰められていますが，そのタイルの密度は一様ではありません．中央がもっとも粗くて，円周に近づくほど細かく密になっています．

　そのようなタイリングを作る1つの素朴な方法は，平面上の一様なタイリングを写像によって変形させる方法でしょう．たとえば，タイリングが置

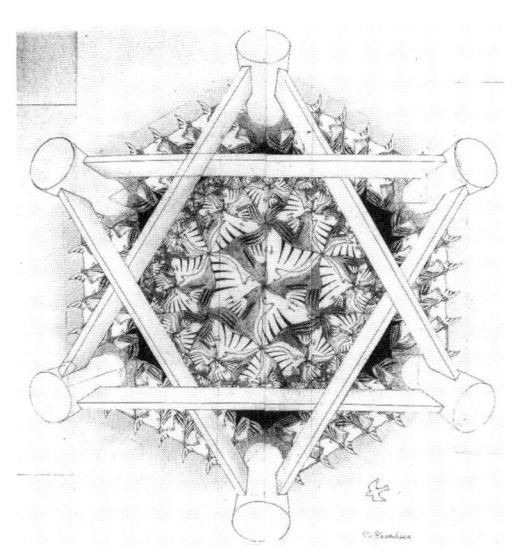

河原典生 作：「TRICK」，2006.

かれている平面に接する球を考え，その球の中心を投影中心としてタイリングパターンを球面へ投影することができます．これを，もとのタイリング面に垂直な方向から眺めれば，円の内部にタイルが敷き詰められたように見え，そのパターンは円の中心付近では粗く，円周に近づくほど細かくなっているでしょう．

しかし，このような写像による変形では，タイル同士の接続関係は保たれたままですから，組合せ的に見て本質的に新しいタイリングパターンが生まれるわけではありません．一方，ユークリッド空間から離れて，双曲空間とよばれる非ユークリッド空間での合同変換によって一様なタイリングを作ると，それが円領域の内部の見かけ上非一様なタイリングとなります．エッシャーもこれを利用しています．本章では，このタイリングの作り方を見ていきましょう．

6.1 双曲幾何学

いまでは，リーマン空間など多くの種類の空間が定義され，その中でそれぞれ幾何学が論じられていますが，昔は，ユークリッド空間におけるユークリッド幾何学 (Euclidean geometry) が唯一の幾何学と思われていました．ユークリッド幾何学は，「2 点を通る直線はただ 1 つ存在する」などの自明と思われるいくつかのことがらを公理とみなし，その公理から出発して作られていることは有名です．19 世紀になって，平行線の公理「与えられた点を通り与えられた直線に平行な直線はただ 1 つ存在する」（ただし，「平行」とは，2 つの直線が交わらないことをいう）を，他の公理に置き換えても幾何学が作れることが発見されて，**非ユークリッド幾何学** (non-Euclidean geometry) が生まれました．その中で，「与えられた点を通り与えられた直線に平行な直線は複数存在する」という公理を採用したのが，**双曲幾何学** (hyperbolic geometry) です（文献 [14]）．双曲幾何学は，ドイツのガウス（Johann Carl Friedrich Gauss, 1777-1855），ロシアのロバチェフスキー（Nikolai Ivanovich Lobachevsky, 1792-1856），ハンガリーのボヤイ（Bolyai János, 1802-1860）の 3 人が独立に発見したといわれています．

双曲幾何学をはじめとする非ユークリッド幾何学は人間が人工的に作り出したものであって，それらが発見された当初は，人間の頭の中にだけあるもので，実際のユークリッド空間の中に図形として描いて見せることはできないと思われていました．しかし，のちに双曲空間をユークリッド空間の中に描いて目で見ることのできる方法が見つかりました．そのような方法は，双曲空間の「モデル」とよばれます．双曲空間のモデルはいくつも見つかっていますが，その1つが，ポアンカレが見つけたポアンカレディスクとよばれるモデルです．

このモデルでは，単位円板

$$D = \{(x,y) \mid x^2 + y^2 < 1\} \tag{6.1}$$

を双曲空間とみなします．そして，この双曲空間とよばれる円の中に「直線」や「三角形」や「等長変換」という概念を，図形として描いて目で見える形で導入していくことができます．次にこれを紹介しましょう．

円板 D の境界をなす単位円周を

$$S = \{(x,y) \mid x^2 + y^2 = 1\} \tag{6.2}$$

で表します．まず D に属す点 (x,y) を，双曲空間でも「点」とよびます．

図 6.1(a) に示すように，円周 S と交差するもう1つの円 C があるとしましょう．この交点においてそれぞれの円に接する2つの直線がなす交角を，2つの円の交角といいます．一般に2つの円が交差するとき，交点は2つできますが，それらは，2つの円の中心を結ぶ直線に関して線対称ですから，2つの交点で測った交角は一致します．図 6.1(a) においては，円 S と円 C の交角は θ で示したとおりです．

平面上の円 C が S と直交するとき，$C \cap D$（すなわち，C のうち D に含まれる円弧部分）を，双曲空間における「直線」とよびます．これを，ユークリッド空間での直線と区別するために，**双曲直線**とよぶことにしましょう．図 6.1(b) に示した円弧 C' が，双曲直線の例です．

D 内の2点 $P_1(x_1, y_1), P_2(x_2, y_2)$ を通る双曲直線を求めてみましょう．図 6.2 に示すように，求めたい双曲直線の中心を (X, Y)，半径を R としま

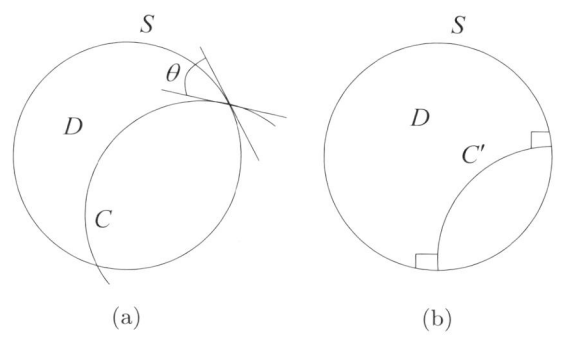

図 **6.1** 2 つの円の交角. (a) 一般の角度で交わる 2 つの円. (b) 直交する 2 つの円.

す. また, この双曲直線が S と交わる点を Q_1, Q_2 とします. Q_1, Q_2 は, 点 (X, Y) から S へ引いた接線の接点でもあります. したがって

$$X^2 + Y^2 = R^2 + 1 \tag{6.3}$$

です. また, この双曲直線は P_1 と P_2 を通りますから

$$(X - x_1)^2 + (Y - y_1)^2 = R^2, \tag{6.4}$$

$$(X - x_2)^2 + (Y - y_2)^2 = R^2 \tag{6.5}$$

がなりたたなければなりません. この 3 式を連立させて解くと, $x_1 y_2 \neq x_2 y_1$ の場合には

$$X = \frac{(1 + x_1{}^2 + y_1{}^2) y_2 - (1 + x_2{}^2 + y_2{}^2) y_1}{2(x_1 y_2 - x_2 y_1)}, \tag{6.6}$$

$$Y = \frac{-(1 + x_1{}^2 + y_1{}^2) x_2 + (1 + x_2{}^2 + y_2{}^2) x_1}{2(x_1 y_2 - x_2 y_1)} \tag{6.7}$$

が得られ, この X, Y を使って

$$R = \sqrt{X^2 + Y^2 - 1} \tag{6.8}$$

も得られます. 一方 $x_1 y_2 = x_2 y_1$ の場合には, P_1 と P_2 を通るユークリッド平面での直線が P_1 と P_2 を通る双曲直線です. したがって, $P_1 \neq P_2$ を

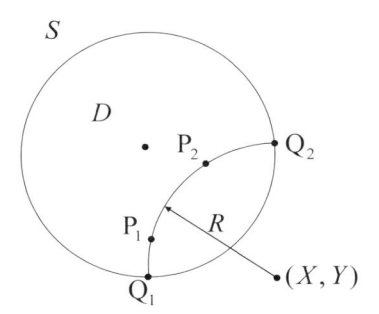

図 **6.2** 2 点で定まる双曲直線.

満たすすべての場合に，連立方程式 (6.3), (6.4), (6.5) の解は 1 つであり，与えられた 2 点を通る双曲直線はただ 1 つに限られることがわかります．

2 つの双曲直線は，交点をもたないとき，互いに平行 (parallel) であるといいます．図 6.3 に示すように，2 点 P_1, P_2 を通る双曲直線に平行で点 Q を通る双曲直線は一般に多数存在します．したがって，双曲幾何では，ユークリッド幾何学における平行線の公理はなりたちません．

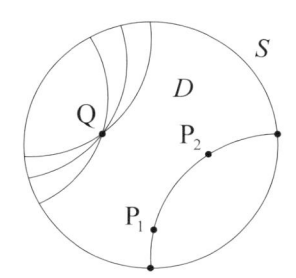

図 **6.3** 点 Q を通り双曲直線 P_1P_2 に平行な複数の双曲直線.

次に，双曲空間における距離を導入しましょう．図 6.2 に示すように，2 点 P_1, P_2 を通る双曲直線をのばして単位円 S と交わる点を，それぞれ Q_1, Q_2 とします．点 P と点 Q のユークリッド距離を $d(P, Q)$ と書くことにします．$d_h(P_1, P_2)$ を

$$d_h(P_1, P_2) = -\log \frac{d(P_1, Q_1) \cdot d(P_2, Q_2)}{d(P_1, Q_2) \cdot d(P_2, Q_1)} \tag{6.9}$$

と定義し，これを P_1 と P_2 の**双曲距離**とよびます．式 (6.9) の右辺の対数関数の中の量は，双曲直線上の 4 点 P_1, P_2, Q_1, Q_2 の**複比** (cross ratio) とよばれます．

この定義から，$d_h(P_1, P_2) = d_h(P_2, P_1)$ であり，したがって対称性をもつことがわかります．また，$P_1 = P_2$ のときには $d_h(P_1, P_2) = 0$ であることもわかります．さらに，$P_1 = Q_1$ のときには $d_h(P_1, P_2) = \infty$ となります．したがって，Q_1 などの S 上の点は，無限遠方にあると解釈できます．

2 つの双曲直線が交わるとき，その交点における 2 つの双曲直線の接線のなす角度を，これら 2 つの双曲直線のなす**双曲角度**とよびます．

6.2　双曲空間における等長変換

しばらくは，ユークリッド平面内での円について考えましょう．図 6.4 に示すように，点 A を中心とし，半径が R の円 C が与えられたとしましょう．A とは異なる任意の点 X に対して，A から X 方向へのびる半直線上の点 Y を，

$$d(A, X) \cdot d(A, Y) = R^2 \tag{6.10}$$

を満たすようにとります．そのような Y は一意に定まります．この操作によって X を Y に移す写像を I_C で表します．この写像は，円 C の内部のうち中心 A 以外の点を C の外側へ移し，C の外側の点を C の内側へ移します．写像 I_C を，円 C に関する**反転** (inversion) とよびます．

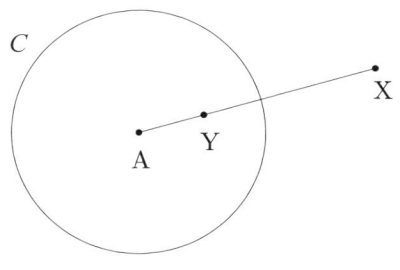

図 **6.4**　円の反転．

反転写像は次の性質を満たします．

性質 6.1　反転 I_C は，円 C の内部の点を外部へ移し，C の外部の点を内部へ移す．

性質 6.2　円の反転像は円である．

性質 6.3　円 C' が円 C と直交するときには，反転 I_C による C' の像は C' 自身と一致する．

性質 6.4　任意の点 X に対して反転を 2 回行うともとの点 X へ戻る．

性質 6.5　2 つの円 C_1, C_2 の交角を θ とすると，反転 I_C による C_1 と C_2 の像も，交角 θ で交わる．

性質 6.6　点 $\mathrm{P}_1, \mathrm{P}_2$ が反転 I_C によって $\mathrm{P}_1', \mathrm{P}_2'$ へ移るとする．このとき $d_\mathrm{h}(\mathrm{P}_1, \mathrm{P}_2) = d_\mathrm{h}(\mathrm{P}_1', \mathrm{P}_2')$ がなりたつ．

このうち，性質 6.1 と 6.4 は明らかでしょう．残りの性質について，それらがなりたつことを見てみましょう．以下では，一般性を失うことなく，円 C の中心は原点に一致し，半径は 1 であるとします．すなわち，A $= (0, 0)$, $R = 1$ であるとします．

性質 6.2 の証明：中心が (a, b) で半径が r の円は

$$(x-a)^2 + (y-b)^2 = r^2 \tag{6.11}$$

で表すことができます．一方，原点を中心とする半径 1 の円に関して反転すると，点 (x, y) は

$$x' = \frac{x}{x^2 + y^2}, \tag{6.12}$$

$$y' = \frac{y}{x^2 + y^2} \tag{6.13}$$

によって定まる点 (x', y') へ移ります．

そして，これら 2 つの式を x, y について解くと

$$x = \frac{x'}{(x')^2 + (y')^2}, \tag{6.14}$$

$$y = \frac{y'}{(x')^2 + (y')^2} \tag{6.15}$$

が得られます．これは，式 (6.12), (6.13) において，x と x'，y と y' を入れ換えた式にほかなりません．このことは，反転を 2 回くり返すともとへ戻るという対称性からもうなずける性質でしょう．

さて，式 (6.14), (6.15) を式 (6.11) へ代入すると

$$\left(\frac{x}{x^2+y^2} - a\right)^2 + \left(\frac{y}{x^2+y^2} - b\right)^2 = r^2 \tag{6.16}$$

となります．この式を展開して整理すると

$$\frac{x^2+y^2}{(x^2+y^2)^2} + \frac{-2ax - 2by}{x^2+y^2} + a^2 + b^2 = r^2 \tag{6.17}$$

が得られ，両辺に $x^2 + y^2$ をかけてさらに整理すると

$$(a^2 + b^2 - r^2)(x^2 + y^2) - 2ax - 2by + 1 = 0 \tag{6.18}$$

となります．この式は

$$\left(x - \frac{a}{a^2+b^2-r^2}\right)^2 + \left(y - \frac{b}{a^2+b^2-r^2}\right)^2 = \left(\frac{r}{a^2+b^2-r^2}\right)^2 \tag{6.19}$$

と書くことができます．これは点

$$\left(\frac{a}{a^2+b^2-r^2}, \frac{b}{a^2+b^2-r^2}\right) \tag{6.20}$$

を中心とし，

$$\frac{r}{a^2+b^2-r^2} \tag{6.21}$$

を半径とする円の方程式です．したがって，円の反転は円であることが示されました．すなわち性質 6.2 がなりたちます． ■

性質 6.3 の証明：式 (6.11) で表される円が単位円と直交するときには

$$a^2 + b^2 = r^2 + 1 \tag{6.22}$$

が満たされます．これを式 (6.18) に代入すると

$$x^2 + y^2 - 2ax - 2by + 1 = 0 \tag{6.23}$$

となり，これは

$$(x-a)^2 + (y-b)^2 = a^2 + b^2 - 1 \tag{6.24}$$

と変形でき，もう一度式 (6.22) を代入すると

$$(x-a)^2 + (y-b)^2 = r^2 \tag{6.25}$$

となります．もとの円を表す式 (6.11) と反転した円を表す式 (6.25) は同じものです．すなわち，反転で得られた円はもとの円に一致します．したがって，性質 6.3 が示されました．∎

性質 6.5 の証明：円 C_1 の中心を $P_1 = (a_1, b_1)$，半径を r_1 とし，円 C_2 の中心を $P_2 = (a_2, b_2)$，半径を r_2 とします．図 6.5 に示すように，円 C_1, C_2 の交点の 1 つを Q とします．直線 P_1Q と直線 P_2Q は，交点 Q においてそれぞれの円と直交しますから，2 つの円の交角 θ は，P_1Q と P_2Q の交角に一致します．すなわち

$$\theta = \angle P_1 Q P_2 \tag{6.26}$$

がなりたちます．三角形 P_1QP_2 に第 2 余弦定理を適用すると

$$2r_1 r_2 \cos\theta = r_1{}^2 + r_2{}^2 - \{(a_1 - a_2)^2 + (b_1 - b_2)^2\} \tag{6.27}$$

が得られます．

　円 C による反転によって円 C_1 は $C_1{}'$ に，C_2 は $C_2{}'$ に移るとしましょう．そして $C_1{}'$ の中心を $P_1{}' = (a_1{}', b_1{}')$，半径を $r_1{}'$，$C_2{}'$ の中心を $P_2{}' = (a_2{}', b_2{}')$，半径を $r_2{}'$ とします．

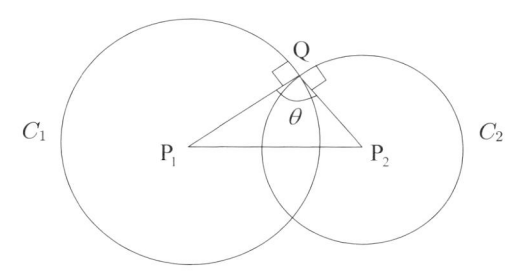

図 **6.5** 交差する 2 つの円.

式 (6.11) で表される円の反転結果は式 (6.19) を満たす円となったことを思い出してください．すなわち，$i=1,2$ に対して，反転によって移った先の円の中心 (6.20) と半径 (6.21) から

$$a_i{}' = \frac{a_i}{a_i{}^2 + b_i{}^2 - r_i{}^2}, \ b_i{}' = \frac{b_i}{a_i{}^2 + b_i{}^2 - r_i{}^2},$$
$$r_i{}' = \frac{r_i}{a_i{}^2 + b_i{}^2 - r_i{}^2} \tag{6.28}$$

がなりたちます．

反転後の円 $C_1{}'$ と $C_2{}'$ の交点の 1 つを Q' とします．そして

$$\angle \mathrm{P}_1{}'\mathrm{Q}'\mathrm{P}_2{}' = \theta' \tag{6.29}$$

と置きます．θ' は，反転後の円 $C_1{}'$ と $C_2{}'$ の交角でもあります．三角形 $\mathrm{P}_1{}'\mathrm{Q}'\mathrm{P}_2{}'$ に関して第 2 余弦定理を適用すると

$$2r_1{}'r_2{}' \cos \theta' = (r_1{}')^2 + (r_2{}')^2 - d(\mathrm{P}_1{}', \mathrm{P}_2{}')^2 \tag{6.30}$$

が得られます．この式に式 (6.28) を代入して θ' 以外にプライム ($'$) のない式に置き換えると

$$\frac{2r_1 r_2 \cos\theta'}{(a_1{}^2 + b_1{}^2 - r_1{}^2)(a_2{}^2 + b_2{}^2 - r_2{}^2)}$$
$$= \left(\frac{r_1}{a_1{}^2 + b_1{}^2 - r_1{}^2}\right)^2 + \left(\frac{r_2}{a_2{}^2 + b_2{}^2 - r_2{}^2}\right)^2$$
$$- \left[\left(\frac{a_1}{a_1{}^2 + b_1{}^2 - r_1{}^2} - \frac{a_2}{a_2{}^2 + b_2{}^2 - r_2{}^2}\right)^2\right.$$
$$\left. + \left(\frac{b_1}{a_1{}^2 + b_1{}^2 - r_1{}^2} - \frac{b_2}{a_2{}^2 + b_2{}^2 - r_2{}^2}\right)^2\right] \quad (6.31)$$

となります．この式の両辺に $(a_1{}^2 + b_1{}^2 - r_1{}^2)(a_2{}^2 + b_2{}^2 - r_2{}^2)$ をかけると，左辺と右辺はそれぞれ次のように変形できます：

$$左辺 = 2r_1 r_2 \cos\theta', \quad (6.32)$$

$$右辺 = \frac{a_2{}^2 + b_2{}^2 - r_2{}^2}{a_1{}^2 + b_1{}^2 - r_1{}^2}r_1{}^2 + \frac{a_1{}^2 + b_1{}^2 - r_1{}^2}{a_2{}^2 + b_2{}^2 - r_2{}^2}r_2{}^2$$
$$- \left(\frac{a_2{}^2 + b_2{}^2 - r_2{}^2}{a_1{}^2 + b_1{}^2 - r_1{}^2}a_1{}^2 - 2a_1 a_2 + \frac{a_1{}^2 + b_1{}^2 - r_1{}^2}{a_2{}^2 + b_2{}^2 - r_2{}^2}a_2{}^2\right)$$
$$- \left(\frac{a_2{}^2 + b_2{}^2 - r_2{}^2}{a_1{}^2 + b_1{}^2 - r_1{}^2}b_1{}^2 - 2b_1 b_2 + \frac{a_1{}^2 + b_1{}^2 - r_1{}^2}{a_2{}^2 + b_2{}^2 - r_2{}^2}b_2{}^2\right)$$
$$= \frac{a_2{}^2 + b_2{}^2 - r_2{}^2}{a_1{}^2 + b_1{}^2 - r_1{}^2}(r_1{}^2 - a_1{}^2 - b_1{}^2)$$
$$+ \frac{a_1{}^2 + b_1{}^2 - r_1{}^2}{a_2{}^2 + b_2{}^2 - r_2{}^2}(r_2{}^2 - a_2{}^2 - b_2{}^2) + 2a_1 a_2 + 2b_1 b_2$$
$$= r_1{}^2 + r_2{}^2 - (a_1 - a_2)^2 - (b_1 - b_2)^2. \quad (6.33)$$

したがって，右辺は式 (6.27) の右辺と一致し，左辺は式 (6.27) の左辺の θ を θ' に置き換えたものと一致します．以上のことから

$$\theta = \theta' \quad (6.34)$$

が得られます．すなわち性質 6.5 が示されました． ∎

性質 6.6 の証明：図 6.6 に示すように，2 点 P_1, P_2 を通る双曲直線を A とし，A と単位円 S の交点のうちで P_1 に近いほうを Q_1，P_2 に近いほうを Q_2 とします．C を，A とは異なる双曲直線とし，C に関する反転 I_C によ

って，A は双曲直線 A' に移り，点 P_1, P_2, Q_1, Q_2 は P_1', P_2', Q_1', Q_2' に移ったとします．性質 6.3 より，反転 I_C によって，円 S は S 自身へ移りますから，図 6.6 に示すように，点 Q_1', Q_2' は，A' と S との交点に一致します．

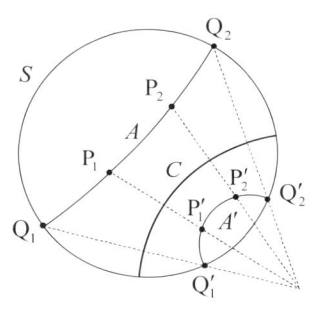

図 **6.6** 双曲直線 C による反転．

私たちの目標は，式 (6.9) で表される P_1 と P_2 の双曲距離が反転 I_C によって P_1', P_2' へ移っても変わらないことを示すことです．複比（式 (6.9) の対数の中の量）は図形の平行移動と相似変換によって変わりませんから，以下では，一般性を失うことなく，図 6.6 に平行移動と相似変換を施して，円 C を原点 O を中心とする半径 1 の円に移したものとします．

ここで平面を，x 軸を実軸，y 軸を虚軸とする複素平面とみなし，双曲空間の一般の点 P を複素数

$$x = r(\cos\theta + i\sin\theta) \tag{6.35}$$

で表したとしましょう．そして z の複素共役を

$$\bar{z} = r(\cos\theta - i\sin\theta) \tag{6.36}$$

と置きます．このとき，円 C に関する反転 I_C によって，z は $1/\bar{z}$ へ移ります．なぜなら，

$$\frac{1}{\bar{z}} = \frac{1}{r(\cos\theta - i\sin\theta)} = \frac{1}{r}(\cos\theta + i\sin\theta) \tag{6.37}$$

がなりたちますから，z と $1/\bar{z}$ は同じ偏角をもち，原点からの距離が互いの逆数となっているからです．

さて，4 点 P_1, P_2, Q_1, Q_2 を表す複素数をそれぞれ

$$z_1 = r_1(\cos\theta_1 + i\sin\theta_1),$$
$$z_2 = r_2(\cos\theta_2 + i\sin\theta_2),$$
$$w_1 = s_1(\cos\eta_1 + i\sin\eta_1),$$
$$w_2 = s_2(\cos\eta_2 + i\sin\eta_2) \tag{6.38}$$

とします．

複素数 z の絶対値（これは原点 O から点 z までの距離を表す）を $|z|$ で表します．P_1 と Q_1 のユークリッド距離 $d(P_1, Q_1)$ は

$$\begin{aligned}
d(P_1, Q_1) &= |z_1 - w_1| \\
&= |r_1(\cos\theta_1 + i\sin\theta_1) - s_1(\cos\eta_1 + i\sin\eta_1)| \\
&= \sqrt{(r_1\cos\theta_1 - s_1\cos\eta_1)^2 + (r_1\sin\theta_1 - s_1\sin\eta_1)^2} \\
&= \sqrt{r_1{}^2 + s_1{}^2 - 2r_1 s_1 \cos(\theta_1 + \eta_1)}
\end{aligned} \tag{6.39}$$

となります．

一方，P_1 と Q_1 を反転した $P_1{}'$ と $Q_1{}'$ のユークリッド距離は

$$\begin{aligned}
d(P_1{}', Q_1{}') &= \left|\frac{1}{\bar{z}_1} - \frac{1}{\bar{w}_1}\right| \\
&= \frac{1}{r_1 s_1}|s_1(\cos\theta_1 + i\sin\theta_1) - r_1(\cos\eta_1 + i\sin\eta_1)| \\
&= \frac{1}{r_1 s_1}\sqrt{(s_1\cos\theta_1 - r_1\cos\eta_1)^2 + (s_1\sin\theta_1 - r_1\sin\eta_1)^2} \\
&= \frac{1}{r_1 s_1}\sqrt{r_1{}^2 + s_1{}^2 - 2r_1 s_1 \cos(\theta_1 + \eta_1)} \\
&= \frac{1}{r_1 s_1}d(P_1, Q_1)
\end{aligned} \tag{6.40}$$

となります．ただし，最後の等号は式 (6.39) によります．他の点に対しても同様の関係がなりたちます．したがって，

$$\frac{d(\mathrm{P_1}',\mathrm{Q_1}') \cdot d(\mathrm{P_2}',\mathrm{Q_2}')}{d(\mathrm{P_1}',\mathrm{Q_2}') \cdot d(\mathrm{P_2}',\mathrm{Q_1}')} = \frac{\dfrac{1}{r_1 s_1}d(\mathrm{P_1},\mathrm{Q_1}) \cdot \dfrac{1}{r_2 s_2}d(\mathrm{P_2},\mathrm{Q_2})}{\dfrac{1}{r_1 s_2}d(\mathrm{P_1},\mathrm{Q_2}) \cdot \dfrac{1}{r_2 s_1}d(\mathrm{P_2},\mathrm{Q_1})}$$

$$= \frac{d(\mathrm{P_1},\mathrm{Q_1}) \cdot d(\mathrm{P_2},\mathrm{Q_2})}{d(\mathrm{P_1},\mathrm{Q_2}) \cdot d(\mathrm{P_2},\mathrm{Q_1})} \tag{6.41}$$

を得ることができます．すなわち，$\mathrm{P_1}, \mathrm{P_2}$ の双曲距離と，これらの点に反転を施したあとの $\mathrm{P_1}', \mathrm{P_2}'$ の双曲距離とは等しいことがわかります．これで性質 6.6 も確認できました． ∎

なお，文献 [2] には，これらの性質のもっとスマートな証明が与えられていますので，興味のある方は参照してください．

以上の反転写像の性質を利用すると，双曲幾何学における等長変換の概念を導入することができます．まず，上で見てきた性質の主なものは，次のようにまとめて表現できることに注目しましょう．

性質 6.7 C を単位円周 S に直交する円であるとする．このとき反転写像 I_C は次の (a), (b), (c), (d) を満たす．

(a) I_C は，D 内の点を D 内へ移す．
(b) I_C は，双曲直線を双曲直線へ移す．
(c) I_C は，双曲距離を不変に保つ．
(d) I_C は，双曲角度を不変に保つ．

そこで，双曲直線による反転写像の合成で表される写像を，**双曲等長変換**とよびます．そして，双曲等長変換によって移り合う図形は，双曲空間において互いに**合同** (congruent) であるといいます．

性質 6.7 の I_C に対して，$I_C \cap D$ が双曲直線であることに注意すると，反転写像 I_C が，ユークリッド平面における鏡映変換に似ていることがわかります．すなわち，ユークリッド空間において直線によって線対称な図形へ移す操作に対応するのが，双曲空間においては，双曲直線による反転写像とみなすことができます．双曲等長変換は，双曲空間において鏡に写す操作なのです．

6.3 双曲三角形によるタイリング

ユークリッド空間では，三角形によるタイリングができるためには，三角形の3つの角度の間にいくつかの条件が課されました．その結果，5.3 節で見たように，タイルとなり得る三角形は，4 種類に限定されました．

一方，双曲空間においては，もっと自由にタイリングができます．すなわち，4 以上の偶数 a, b, c の組が

$$\frac{1}{a} + \frac{1}{b} + \frac{1}{c} < \frac{1}{2} \tag{6.42}$$

を満たすとき，$2\pi/a, 2\pi/b, 2\pi/c$ を 3 つの角度とする双曲三角形が存在し，それをタイルに使ってタイリングができることが知られています．このことを確かめてみましょう．

まず，そのような三角形がいつも存在することを図を使って直観的に説明しておきましょう．図 6.7 に示すように，双曲空間の原点を通る双曲直線（すなわち単位円 S の直径）l を 1 つとり，その上に 2 点 A, B をとります．A において，角度 $2\pi/a$ で l と交わる双曲直線と，B において角度 $2\pi/b$ で l と交わる双曲直線を l の同じ側にのばします．そして，それらが交わる点を P としましょう．もし交わらなかったら A と B の距離を小さくしていきます．するといずれは交わることになります．さて，点 P において交わった 2 つの双曲直線の角度を θ としましょう．θ が $2\pi/c$ より大きかったら A と

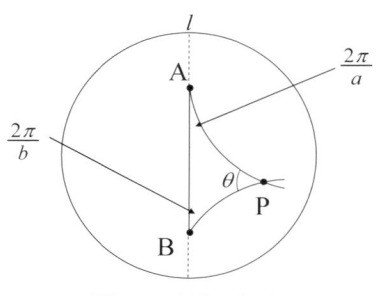

図 **6.7** 双曲三角形.

Bを離していき，θが$2\pi/c$より小さかったら，AとBの距離を縮めていきます．それによって，いつかはθが$2\pi/c$と一致します．そのときの点Pを点Cと名づけます．双曲三角形ABCは$2\pi/a, 2\pi/b, 2\pi/c$の頂角をもつ三角形となりますから，確かにそのような三角形は存在することがわかりました．

次に，この双曲三角形ABCを，辺に関して反転することをくり返して，三角形のコピーを敷き詰めていくことを考えます．a, b, cがすべて偶数と仮定しましたから，平面における三角形タイリングで考えたとおり，これをタイルとしてタイリングを生成することができます．

この方法で作ったタイリングの一例を図6.8に示します．これは$a = 4$, $b = 8, c = 10$とした場合です．

このようなタイリングにエッシャー化を施すためには，少し工夫がいります．なぜなら，これを単純に1種類のタイルで覆われたタイリングとみなすと，辺による鏡映操作だけで敷き詰められているために，どの辺もまったく変形が許されないからです．この困難をエッシャーは次のように解決しました．まず，任意の1つの三角形を白く塗り，それと辺で隣り合う三角形を黒く塗ります．同様に，白いタイルと辺で隣り合うタイルを黒く

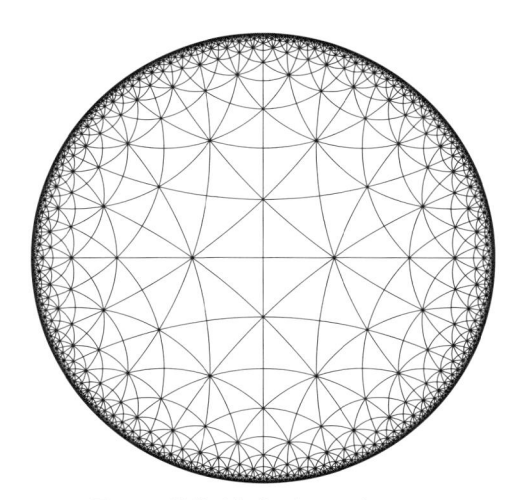

図**6.8** 双曲三角形によるタイリング．

塗り，黒いタイルと辺で隣り合うタイルを白く塗るという操作をくり返します．a, b, c は偶数なので，この操作は矛盾なく施すことができ，すべてのタイルが白と黒で塗り分けられます．そして，最後に，白いタイルと黒いタイルを別のものとみなし，2種類のタイルでできたタイリングとして扱います．これによって，エッシャー化による辺の変形ができるようになるわけです．口絵の作品「円の極限 IV（天国と地獄）」は，$a = 6, b = c = 8$ の場合のタイリングからこの方法で作られたものです．

エッシャーの作品と双曲幾何学との関係についても多くの研究者が言及しています．たとえば，文献 [8], [9], [27] などがその例です．

7
「空と水」
モーフィングによるタイリング

　エッシャーの作品の中には，同一のタイルの敷き詰め以外に，徐々に変形するタイルを使ったものもあります．その中の代表的作品の1つは，口絵にも掲載した「空と水I」(1938) です．この作品は，一番上に鳥，一番下に魚の形のタイルが置かれ，その間にはそれらを変形した多数のタイルが置かれていますが，上から下へ向かって，鳥のタイルは変形しながらしだいに背景に溶け込み，もう一方の魚のタイルは，背景からしだいにその姿が浮かび上がってきます．本章では，このタイリングパターンの数理的構造を探ってみましょう．

石井俊介 作：「水と水」, 2006.

7.1 モーフィング

エッシャーの「空と水 I」は,単なるタイルの敷き詰めではなく,タイルの連続変形や図と地の反転 (figure-ground reversal) などの要素も複合された複雑な作品です(文献 [10], [43]).その数理的構造を調べるためには準備がいります.そこでタイルが背景に溶け込むからくりを調べる前に,まずここでは,1 つのタイルがもう 1 つのタイルへ徐々に変わっていく連続変形の作り方を考えましょう.このような連続変形はモーフィング (morphing) とよばれます.

1 つのタイルを A と置きます.A は,円板と同相な 2 次元図形であるとしましょう.A の境界を閉曲線 $a(s), 0 \leq s \leq 1$ で表すものとします.すなわち a は $[0,1]$ から $\mathbf{R}^2$ への連続写像で,$a(0) = a(1)$(すなわち始点と終点が一致する)で,$0 < s_1 < s_2 < 1$ を満たす任意の s_1, s_2 に対して $a(s_1) \neq a(s_2)$(すなわち途中で交差しない)を満たします.さらに,s が 0 から 1 へ増えるにしたがって,$a(s)$ はタイル A の境界を反時計回りに動くものとします.また,$a(0)$ は,境界上のもっとも右の点(x 座標が最大の点)となるようにパラメータ s を選ぶものとします.

もう 1 つのタイルを B とし,その境界も同様に閉曲線 $b(s), 0 \leq s \leq 1$,で表されるものとします.タイル A からタイル B への連続変形には,無限に多くの可能性があります.その中でもっとも簡単なものは,各パラメータ s の値に対する閉曲線上の点 $a(s), b(s)$ の間の線形補間を利用する次の方法でしょう.2 つのパラメータ s, t をもつ関数 $c(s,t)$ を

$$c(s,t) = (1-t)a(s) + tb(s) \tag{7.1}$$

と置きます.ただし,この式の右辺は,点 $a(s), b(s)$ が位置ベクトルで表されているとみなして,ベクトルの線形結合を位置ベクトルとする点を表すものとします.

一般に位置ベクトルの線形結合は,座標系の原点の位置に依存します.しかし,係数の和が 1 となる特別な場合(このような線形結合はアフィン結

合 (affine combination) とよばれます）には，座標系に依存しません（このことの確認には，たとえば文献 [33] などを参照してください）．式 (7.1) の右辺の線形結合においても係数の和は $(1-t)+t=1$ ですから，これはアフィン結合です．したがって座標系の選び方に依存しないで，点 $c(s,t)$ が確定します．このように，アフィン結合で点を表す場合には，座標系の原点がどこにあるかに依存せず位置が確定しますから，以下でも，とくにどのような座標系を使っているかはことわらないことにします．

さて，$0 \leq t \leq 1$ に対して，式 (7.1) で定義される $c(s,t)$ は，点 $a(s)$ と点 $b(s)$ を $t:1-t$ へ内分する点を表します．したがって，点 $c(s,t)$ は，$t=0$ のとき $a(s)$ に一致し，t が増えるにしたがって，線分 AB 上を A から B へ向かって移動し，$t=1$ のとき $b(s)$ に一致します．このことはすべての s に対してなりたちます．その結果，$c(s,t)$ は，t を固定すると，s をパラメータとする閉曲線を表し，t が 0 から 1 へ連続に変化するとき，閉曲線 $c(s,t), 0 \leq s \leq 1$，は閉曲線 $a(s)$ から閉曲線 $b(s)$ へ連続に変化します．これによって，タイル A からタイル B への連続変形が 1 つ得られたことになります．

図 7.1 に，この線形補間によるモーフィングの例を示します．それぞれの列において，左端と右端がタイル A と B で，その途中は，左から順に $t=$

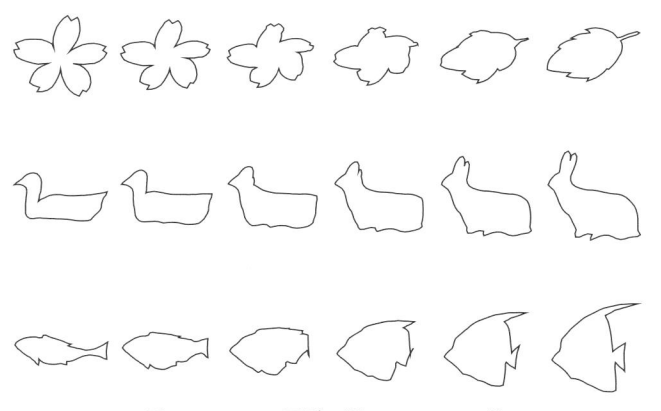

図 **7.1**　2 つの図形の間のモーフィング．

0.2, 0.4, 0.6, 0.8 における補間結果です．

7.2　タイルから隙間へのモーフィング

　エッシャーはタイルの連続変形を利用した作品も多数残しています．そして，文献 [19] では，それを 6 種類のパターンに分類しています．その 1 つが「空と水」パターンです．ここではモーフィングを利用して，「空と水」風タイリングパターンを作る方法について考えましょう．まず，図 7.2 に示すように，白と黒のひし形を交互に並べてできるチェッカーボードを考えます．この中の白のひし形には鳥のタイルとその変形を置き，黒のひし形には魚のタイルとその変形を置きます．このチェッカーボードでは，一方の辺に沿って n 枚のひし形が並び，もう一方の辺に沿って $n+1$ 枚のひし形が並んでいます．したがって，図 7.2 に示すとおり，一番上のひし形が白のとき，一番下のひし形は黒となります．その結果，一番上には鳥のタイルが置かれ，一番下には魚のタイルが置かれます．

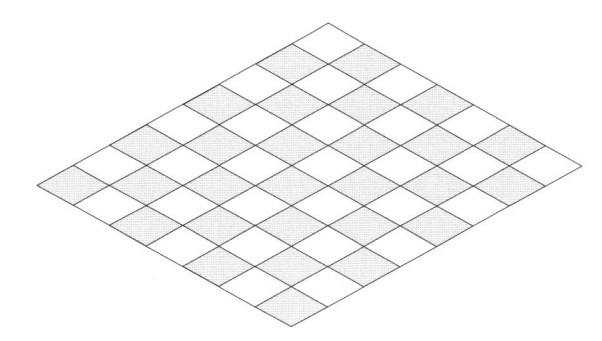

図 **7.2**　ひし形で構成されたチェッカーボード．

　一番上に置くタイルを A，一番下に置くタイルを B としましょう．以下では，図 7.3 に示す 2 つのタイルを例にとって話を進めます．この図に示すように，タイル A, B をチェッカーボードに置くときの位置合わせのために，両方のタイルの大きさを合わせるとともに，両方によく合う共通のひし形を求めて，それぞれのタイルに固定します．さらに，タイル A の境界

をもっとも右の点 P_1，もっとも上の点 P_2，もっとも左の点 P_3，もっとも下の点 P_4 で4つの部分に分割し，それぞれの曲線を図 7.3 で示すように，$a_1(s), a_2(s), a_3(s), a_4(s), 0 \leq s \leq 1$，と置きます．同様にタイル B の境界も，もっとも右の点 Q_1，もっとも上の点 Q_2，もっとも左の点 Q_3，もっとも下の点 Q_4 で4つの部分に分割し，$b_1(s), b_2(s), b_3(s), b_4(s), 0 \leq s \leq 1$，と置きます．

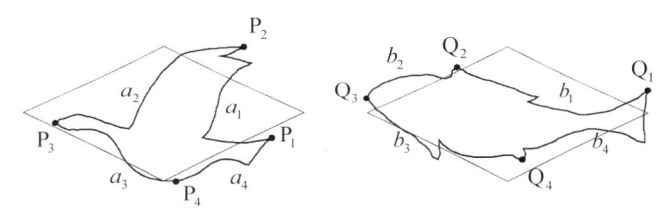

図 **7.3** 2つのタイルに固定された共通のひし形．

次に，図 7.4 に示すように，タイル B を4つの黒のひし形に置き，それらに囲まれて白のひし形の位置にできる隙間に注目します．この隙間を，隙間図形 $\bar{B}$ と置きましょう．ただし，$\bar{B}$ は一般には閉じた図形とはならず，4個の曲線の集まりです．$\bar{B}$ を，右端から反時計回りにたどると，タイル B の境界を構成している曲線 $b_3(s), b_4(s), b_1(s), b_2(s)$ の向きを反転させた曲線が，この順に現れます．これらを，順に

$$\begin{aligned}
\bar{b}_3(s) &= b_3(1-s), \\
\bar{b}_4(s) &= b_4(1-s), \\
\bar{b}_1(s) &= b_1(1-s), \\
\bar{b}_2(s) &= b_2(1-s)
\end{aligned} \quad (7.2)$$

と置きましょう．タイル A が変形していって，タイル B の隙間に溶け込むようにすることが目標です．そのために，タイル A を隙間図形 $\bar{B}$ へ変形するモーフィングを作ります．すなわち

$$\bar{c}_1(s,t) = (1-t)a_1(s) + t\bar{b}_3(s),$$
$$\bar{c}_2(s,t) = (1-t)a_2(s) + t\bar{b}_4(s),$$
$$\bar{c}_3(s,t) = (1-t)a_3(s) + t\bar{b}_1(s),$$
$$\bar{c}_4(s,t) = (1-t)a_4(s) + t\bar{b}_2(s)$$
(7.3)

と置きます.

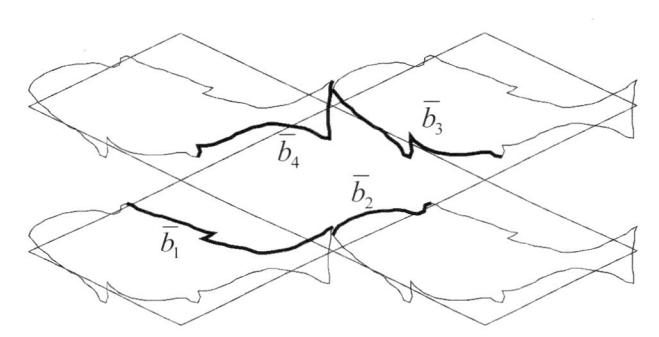

図 7.4　4 つのタイルで囲まれてできる隙間図形.

　図 7.3 のタイル A と，図 7.4 の隙間図形 $\bar{B}$ に対してこのモーフィングを適用した結果を，図 7.5 に示します．このようにモーフィングの結果は，4 つの曲線がそれぞれ変形されただけで，タイルを囲む閉じた図形とはなって

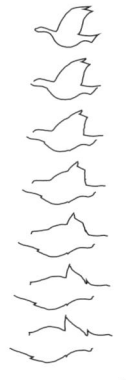

図 7.5　タイル A から隙間図形 $\bar{B}$ へのモーフィング.

いませんが，この時点ではこれでかまいません．

次に，このモーフィング結果を，図 7.2 のチェッカーボードの白のひし形の位置に上から順に置いていきます．水平方向に並んだひし形には，同じ図形を置きます．その結果は，図 7.6 に示すとおりです．

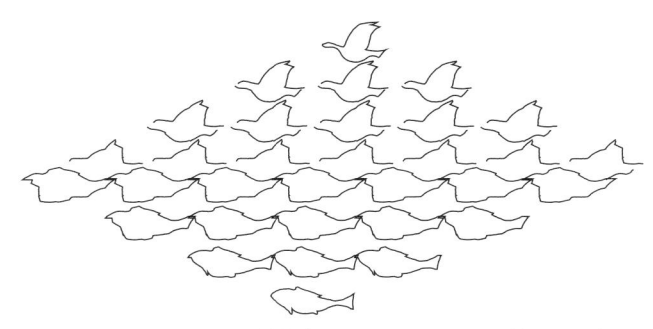

図 7.6 モーフィングの結果をチェッカーボードに置いてできるパターン．

次に，このように配置された曲線をつないで，タイルと背景の違いをはっきりさせます．紙面の上のほうでは鳥が浮かび上がって魚は背景に隠れてほしいですから，チェッカーボードの上半分では，鳥に対応する白のひし形に閉じた図形が現れるように曲線をつなぎます．一方，チェッカーボードの下半分では，魚が浮かび上がり，鳥は背景に隠れてほしいですから，黒のひし形に閉じた図形が現れるように曲線をつなぎます．図 7.6 にこの操作を施し，上方と下方のタイルの間隔を少し広げた結果は，図 7.7 に示すとおりです．

最後に，このパターンに彩色を施した結果が，図 7.8 です．ただし，ここでは，1 つの色相を選択し，背景に対しては，この色相の彩度を下から上へ連続に弱めながら彩色し，タイルに対しては，逆に上から下へ彩度を連続に弱めながら彩色しました．

このように，ひし形のチェッカーボードの上で，1 つのタイルからもう 1 つのタイルの隙間図形へのモーフィングを施すことによって，エッシャーの「空と水」風のタイリングパターンを自動生成できます．この方法は，任意に与えたタイル A, B の対に対して適用できます．同様の方法で作ったパ

114   7 「空と水」

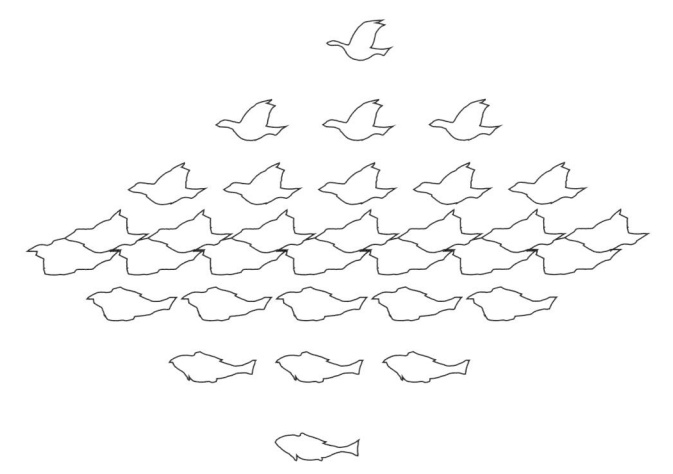

図 **7.7** 図形境界をつなぎ替えた結果.

図 **7.8** 「空と水」風タイリングパターンの自動生成結果.

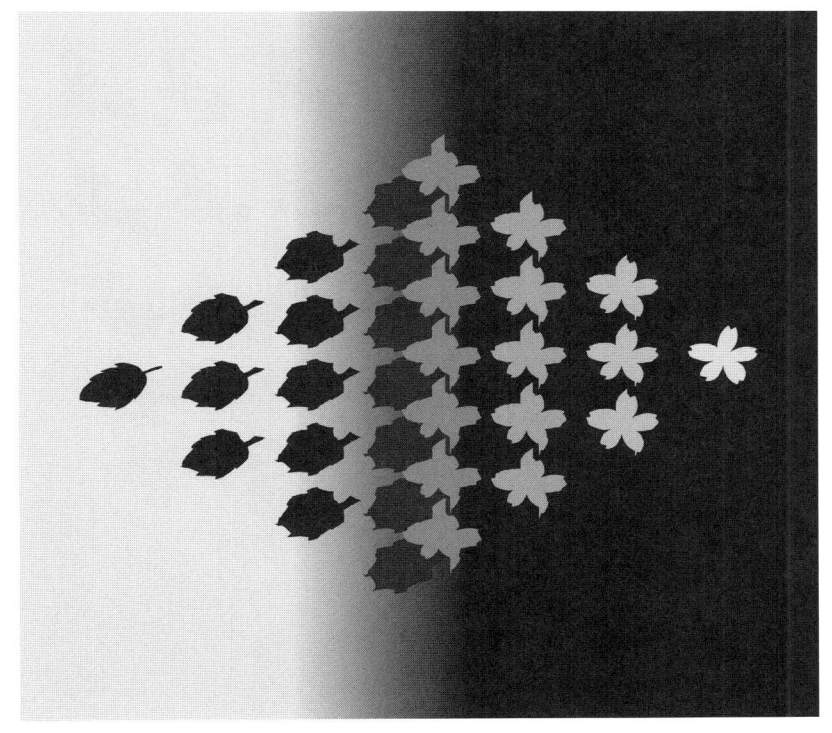

図 **7.9** 「昼と夜」風タイリングパターン.「花びらと葉っぱ」.

ターンをもう 2 つ示します.図 7.9 は,タイルを取り替えると同時に,モーフィングの方向を垂直から水平に変更した例です.このように水平方向へのモーフィングを利用した作品も,エッシャーはたくさん残しています.その代表例は「昼と夜」(1938) でしょう.一方,図 7.10 は,チェッカーボードの形をひし形から平行四辺形へ取り替えた例です.

　本章の内容のさらにくわしい説明は,文献 [39] でご覧いただけます.また,コンピュータを使わないで,手作業だけで「空と水」風タイリングパターンを作る方法については,文献 [38] を参照して下さい.

116   7 「空と水」

図 **7.10**　平行四辺形のチェッカーボードを利用したタイリングパターン．「チョウとミツバチ」．

II
だまし絵とその立体化

「不可能物体の絵」(pictures of impossible objects) とよばれるだまし絵があります．これは，見た人に立体の印象を与えると同時に，そんな立体は作れそうにないという感覚ももたらす不思議な絵です．エッシャーは，不可能物体の絵を素材に用いて，不思議な作品を残しています．柱の前後関係が床と天井で入れ替わる「もの見の塔」(1958)，登り続けるともとに戻ってしまう無限階段を描いた「上昇と下降」(1960；口絵参照)，水路を巡環する水が永久に水車を回し続ける「滝」(1961) などです．ここでは，このだまし絵と，それにかかわる錯視という心理現象を，数理的な立場から眺めます．とくに，だまし絵はどうやったら描けるのかという疑問と，だまし絵は本当に立体としては作れないのかという疑問に焦点を合わせます．これに答える中で，エッシャーと同じようにだまし絵を描く方法を理解するだけでなく，さらに立体として作れるだまし絵があることを紹介し，そのような立体の作り方を考えることによって，エッシャーを越えることを目指します．

芹川奈緒 作：「未定」，2006.

8
線画をどう理解する？

　だまし絵について直接考える前に，普通の絵からそこに描かれている立体の情報を抽出するという人間の視覚認識の機能について考えてみましょう．これは古くから考えられてきたことですが，とくにコンピュータを数値の計算以外にも使おうという気運の高まった 1960 年代から，人工知能とよばれる分野で数理的な視点からさかんに調べられるようになりました．その結果，線で描かれた絵から立体を読み取ることができるようになり，同時に，立体を表さない絵も明確に区別できるようになりました．本章と次

森俊朗 作：「展覧会」，2007．

章では，この視覚に関する人工知能の研究のさわりをのぞいてみます（文献
[31], [35]）．

8.1 線の分類

　絵は，立体の情報を人から人へ伝える伝達手段です．したがって，言語の
一種であるとみなすこともできるでしょう．言語を理解するためには，文の
構造をルール化した文法と，意味を定めた辞書が役立ちます．それと同じよ
うに，絵から立体を読み取るときにも，対応する文法と辞書があります．こ
れは，人工知能の分野において物体を認識する研究の過程で明らかになって
きたものです．まずこれを，もっとも単純な対象世界に限定して紹介しまし
ょう．

　次のような前提のもとで絵を理解する方法を考えます．

前提 1（対象物体）：対象物体は不透明な材質でできた厚みのある多面体
（平面だけで囲まれた立体）である．

　したがって，物体の表面に曲面部分はありません．それぞれの面は，多角
形または多角形の穴のあいた多角形です．また，折り紙細工のように厚みの
ない物体も考えません．

前提 2（視点位置）：対象物体を眺める視点は，一般の位置にある．

　すなわち，対象物体の表面を構成する 1 つの面の延長上に視点がくるこ
とはありません．また，対象物体の離れている頂点や稜線が，偶然に重なっ
て見えるような位置に視点を置くこともありません．だから，視点位置をわ
ずかに動かしたとき，絵の構造ががらっと変わることはありません．

前提 3（描き方）：絵には，対象物体の見えている稜線のみを描く．

　したがって，物体が影を落としていても，影の線は描きません．物体表面
に傷や模様があってもそれは描きません．また，裏側に隠れている稜線を破
線で描くことなどもしません．

前提 4（頂点）：対象物体のそれぞれの頂点にはちょうど 3 枚の面が接続している．

たとえば，四角錐の頂点では 4 つの側面が接続しますから，前提 4 に反します．したがって，四角錐は対象とはしません．これは，かなり強い制限ですが，話を単純化するためにここでは前提に加えます．以下の議論は，この前提をもっと緩めても，（複雑にはなりますが）なりたつものです．

前提 5（画面）：対象物体は，それを描いた絵の画面からはみ出さない．

すなわち，対象物体の全体像が完全に描かれていると仮定するわけです．これも以下の話を簡単にするための便法です．

以上の 5 つの前提のもとで描かれた絵は，線だけで描かれたものなので，**線画** (line drawing) とよばれます．

何がわかったら，線画に描かれている立体を理解できたといえるでしょうか．立体の形が一義的に求まれば，もちろん理解できたといってよいでしょう．しかし，一般に，1 枚の線画だけでは，奥行きの情報が欠落していますから，一義的に立体の形を確定することはできません．したがって，もう少し抽象的なレベルで，描かれている立体の形を把握しなければならないでしょう．

そのような抽象的な理解の仕方の一例は，線画の中の線を，対応する稜線の 3 次元空間での形と姿勢にしたがって分類する方法です．そのために，まず，物体の稜線を 2 つに分類します．その第 1 は，両側の面が山の尾根のように突き出して接続している線で，これを**凸稜線** (convex edge) とよびます．もう 1 つは，両側の面が逆に谷の底のように引っ込んで接続している線で，これを**凹稜線** (concave edge) とよびます．次に，それらの稜線を表現した線画の中の線を次のように 3 種類に分類してラベルをつけることにします．ラベルをつけた例を図 8.1 に示します．

(1) 両側の面が共に見えている（だから，両側の面がどちらも線画の中に描かれている）凸稜線の像を**凸線** (convex line) とよび，＋のラベルをつけて表します．

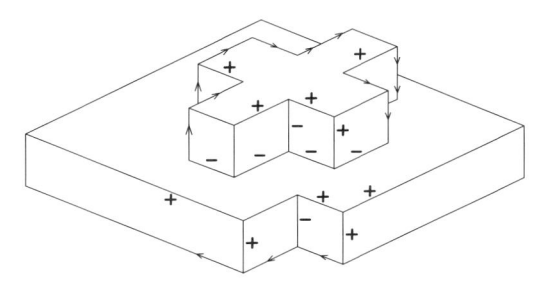

図 **8.1** 線画の線を分類した結果を表すラベル．

(2) 片側の面だけが見えていて，もう一方の面は裏側へまわり込んで見えなくなっている凸稜線の像を，**輪郭線** (silhouette line) とよび，矢印をつけて表します．ただし，矢印の向きは，その稜線に接続している面が（見える面も隠された面も両方とも）右側にくるように定めます．

(3) 凹稜線の像を凹線 (concave line) とよび，− のラベルをつけて表します．

凸稜線に対しては，両側の面が共に見える場合（凸線）と一方だけ見える場合（輪郭線）の2つが区別されますが，凹稜線に対しては，そのような区別はありません．なぜなら，凹稜線は，両側の面が共に見える場合だけ線画の中に描かれるからです．一方の面が見えない場合には，この凹稜線自体が見えないために，前提3より，そのような線はそもそも絵の中には現れることはなく，区別する必要がないのです．

8.2 頂点辞書

このように線画の中の線を3種類に分類してラベルをつけることにすると，正しい線画に正しくラベルをつけたとき満たされるべきルールを列挙することができます．第1のルールは次のとおりです．

ルール 1（線のラベルの一貫性）：それぞれの線には，ただ1つのラベルが

つく．1つの線のラベルが途中から変わったりすることはない．

これは，3次元空間における稜線が凸稜線と凹稜線の2つしかなく，それらに接続する面はすべて平面なので，外向き法線が視点の方向を向いているか否かが，稜線をたどったとき途中で変わることはないからです．

第2のルールは，線のラベルの組合せに関するものです．多面体において，3枚以上の面が接続する点を頂点 (vertex) とよびます．前提4より，私たちが対象としている多面体では，どの頂点もちょうど3枚の面に接続しています．したがって，頂点に接続する稜線も，ちょうど3本です．これら3本の稜線が凸稜線か凹稜線かによって，頂点は，図8.2に示すように，4種類に分類できます．すなわち，凸稜線の数が3の場合 (a)，2の場合 (b)，1の場合 (c)，0の場合 (d) です．

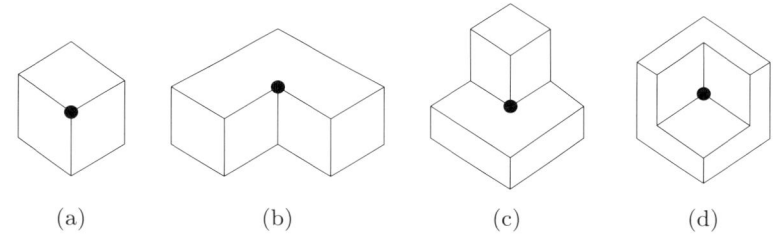

図 **8.2** 接続する凸稜線の数による頂点の分類．(a) 3 本の場合．(b) 2 本の場合．(c) 1 本の場合．(d) 0 本の場合．

次に，これらの頂点を，一般の視点から眺めたときの見え方を列挙しましょう．そのためには，頂点に接続する面を延長して，まわりの空間を分割し，それぞれの分割空間の中の任意の点に目を置けば目的が達成されます．たとえば，図8.2(a) の頂点では，3枚の面を延長すると，この頂点のまわりの物質が詰まっていない空間は，7つの部分空間にわかれます．そのそれぞれに目を置いてこの頂点を見たときの見え方のうち，本質的に異なるものを列挙すると，図8.3の (a), (b), (c) に示す3通りがあることがわかります．

ただし，ここで「本質的に異なる見え方」というのは，頂点に接続する面

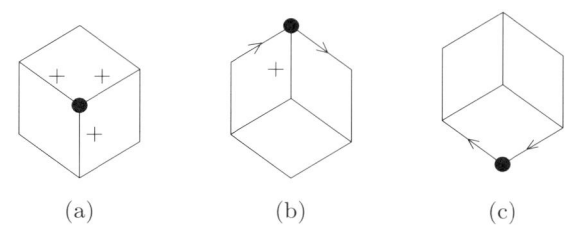

図 8.3 3本の凸稜線をもつ頂点の見え方．

の延長上を視点が通過したときの見え方の違いをさします．実際，同一の分割空間の中で視点を動かしても，注目している頂点に接続する面のうちどれが見えていてどれが見えていないかが変化しませんから，線画の中の頂点の像においては，隣り合う2本の線のなす角度が180度より大きいか小さいかが変わりません．そのような視点の範囲での見え方は，本質的に同一の見え方とみなすわけです．

他の頂点に関しても同様の手続きで見え方を列挙できます．その結果にラベルをつけ，異なるラベルの組合せを列挙すると，図8.4に示す12通りしかないことがわかります．これら12種類のラベルの組合せは，すべて図8.1の線画の中に現れています．

線画の中で，2本以上の線が接続する点を**接続点** (junction) とよびます．頂点の像はすべて接続点です．しかし，頂点には対応しない接続点もあります．それは，図8.5に示すように，物体の一部が他の部分を隠すところで

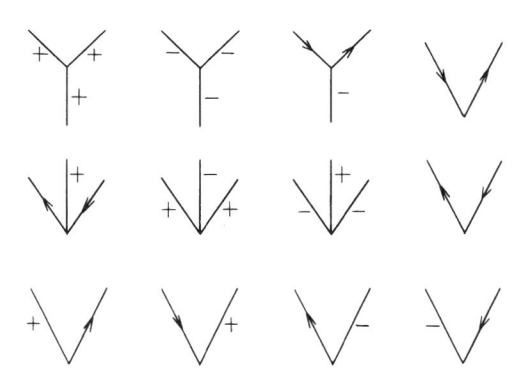

図 8.4 頂点の見え方と対応するラベルの組合せ．

126   8 線画をどう理解する？

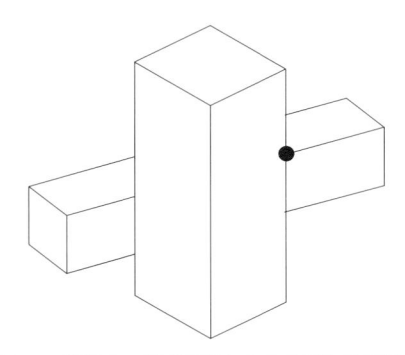

図 8.5 稜線の一部が隠されるとき現れる接続点．

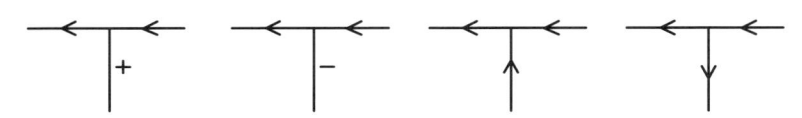

図 8.6 頂点には対応しない接続点に許されるラベルの組合せ．

現れます．すなわち，途中まで見えていた稜線が，他の面に隠されて見えなくなる点の像です．そこでのラベルの組合せを列挙すると，図 8.6 に示す 4 通りとなります．このような接続点では，2 本の線が同一直線上に並び，そこにもう 1 本の線が接続して，アルファベットの T のような形をなします．このうち，同一直線上に並ぶ 2 本は，他を隠す線なので，輪郭線のラベルである矢印がつきます．もう 1 つの線は，もっと奥にある別の立体の稜線なので，そのラベルはすべてあり得ます．その結果，図 8.6 の 4 通りの組合せが現れるわけです．

以上の観察から，次のルールが得られます．

ルール 2（頂点辞書）：ラベルの組合せは，すべての接続点において，図 8.4 と図 8.6 に列挙した組合せのいずれかでなければならない．

このように 2 つのルールが得られましたが，これは，線画という言語を理解するための文法とみなせます．そして，図 8.4，図 8.6 のラベルの組合せは，接続点という部品——いわば単語のようなもの——の意味を規定する

ものですから，辞書とみなせるでしょう．実際，図 8.4, 図 8.6 に示す接続点でのラベルの組合せリストは，**頂点辞書** (vertex dictionary) または**接続点辞書** (junction dictionary) とよばれます．

線画が与えられたとき，ルール 1, 2 を満たすラベルの組合せを探すことによって，描かれている立体を解釈する手がかりが得られます．その例を図 8.7 に示します．

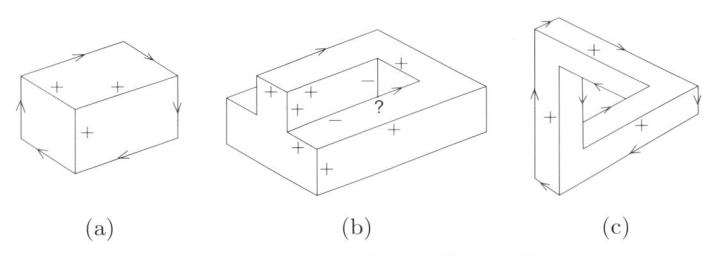

図 **8.7** ルール 1, 2 を用いた線画の解釈．

(a) の線画では，ここに示したラベルが唯一の許される組合せです．このことは次のようにして確かめられます．まず，前提 5 より，もっとも外側を囲む線は輪郭線でなければなりませんから，時計回りの矢印がつきます．すると，残りの 3 本の線は頂点辞書から凸線に限られます．だから，この図のラベルが唯一の解釈となります．実際，このラベルで表される解釈は，この絵を人が見たとき，もっとも自然に思い浮かべる解釈と一致しているでしょう．

(b) の線画では，もっとも外側を囲む線に輪郭線のラベル（時計回りの矢印）をつけ，それから出発して頂点辞書に反しないラベルの組合せを探すと，存在しません．したがって，この線画を投影図にもつ立体は存在しないと判定できます．

一方，(c) の線画は，ペンローズの三角形とよばれるだまし絵ですが，図に示すように頂点辞書に反しないラベルがついてしまいます．したがってこの場合は，頂点辞書を使って探すと誤った解釈が得られてしまうことがわかります．この例からもわかるように，頂点辞書は万能ではありません．

しかし，これは当然でしょう．ルール 1, 2 を満たすラベルをもつことは，

線画が正しく立体を表すための必要条件ではありますが，十分条件ではありません．だから，ラベルがつかなければその線画は間違っていると判定できますが，ラベルがついたときには，あくまでも立体としての解釈の候補が得られただけであって，それが正しい解釈か否かはさらに調べなければなりません．

9
立体構造をとりだす

　頂点辞書に反しないラベルがつけられた線画が，そのラベルで表される解釈どおりの立体を表しているか否かを判定する問題を考えます．この問題は，絵を理解するコンピュータを作るという工学的目的のためのもっとも基本的な課題です．そして，問題自身は数学的に明解なように見えます．しかし，実は，純粋に数学の問題とみなして解いても，工学的目的に直接かなうわけではありません．この話題は，工学の問題と数学の問題の違い，工学的問題を数学で解くための工夫など，数理工学の基本的ことがらについて考える素材としても典型的な例です．

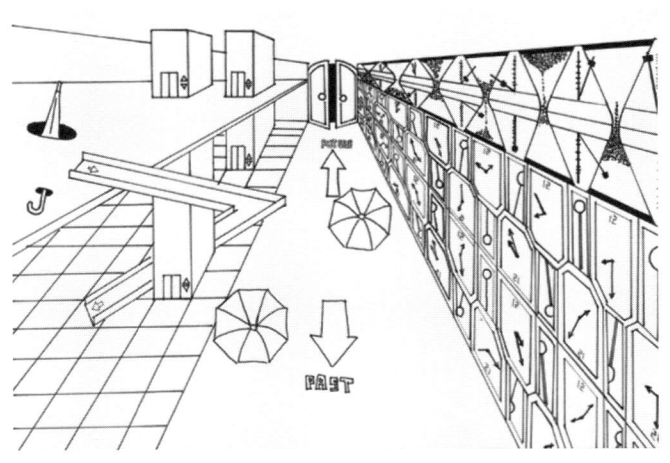

田中聖也 作：「夢幻旅行 II（ユメタビツー）」，2007．

9.1 正しい絵と正しくない絵

ここで考える問題は次のとおりです．

問題 9.1 与えられた線図形を投影図にもつ立体が作れるか否かを判定せよ．

図 9.1 に示すように，(x, y, z) 直交座標系の固定された空間において，線図形は平面 $z = 1$ 上に与えられているものとします．そしてこれが，3 次元空間に置かれた立体を，原点を投影の中心とする中心投影によって描いたものと仮定しましょう．線図形の中の頂点に通し番号をつけて $v_1, v_2, \ldots, v_m$ と置きます．そして，第 i 頂点 v_i の線図形上での位置を $(x_i, y_i, 1)$ と置きます．この頂点のもとの立体上での位置は，点 $(x_i, y_i, 1)$ と原点とを通る直線の上にありますから，その座標を

$$\left(\frac{x_i}{t_i}, \frac{y_i}{t_i}, \frac{1}{t_i}\right) \tag{9.1}$$

と置きます．x_i と y_i は既知ですが，t_i は未知数です．

一方，線図形に描かれている面にも通し番号をつけて，$f_1, f_2, \ldots, f_n$ と置きます．もとの立体での面 f_j を含む平面の方程式を

$$a_j x + b_j y + c_j z + 1 = 0 \tag{9.2}$$

と置きます．この平面表示では原点を通る平面は表せませんが，視点は一般の位置にあると仮定しましたから，原点を通る平面に含まれる面はありません．したがって，これで一般性が失われることはありません．a_j, b_j, c_j はすべて未知です．

さて，図 9.2 に示すように，線図形のラベルから，頂点 v_i が面 f_j に載っていることがわかったとしましょう．このときには，(9.1) を (9.2) へ代入した式

$$a_j x_i + b_j y_i + c_j + t_i = 0 \tag{9.3}$$

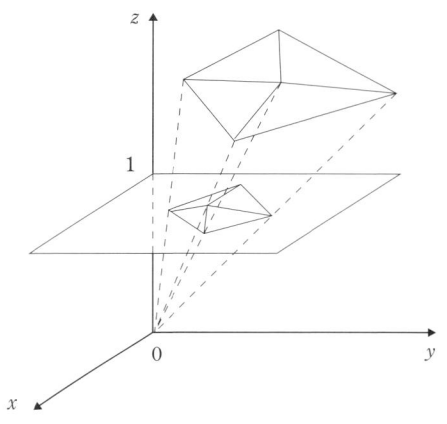

図 **9.1** 立体とその中心投影.

がなりたたなければなりません．これは未知数 t_i, a_j, b_j, c_j に関して線形です．頂点とそれが載っている面のすべての組に対して同様の方程式が得られます．それらをすべて集めたものを

$$A\boldsymbol{w} = \boldsymbol{0} \tag{9.4}$$

と表すことにしましょう．A は定数行列で，$\boldsymbol{w}$ は未知数ベクトル

$$\boldsymbol{w} = (t_1, t_2, \ldots, t_m, a_1, b_1, c_1, a_2, b_2, c_2, \ldots, a_n, b_n, c_n)^{\mathrm{t}} \tag{9.5}$$

です．

線図形の中には頂点と面の相対的な遠近関係を表す手がかりも含まれています．たとえば，図 9.2 に示すように，面 f_j と f_k がプラスのラベルをもった線を共有し，さらに f_j が頂点 v_i を含むとしましょう．このときには，面 f_k を延長してできる平面は，視点と頂点 v_i の間を通過します．すなわち，視点から見て，v_i のほうが f_k より遠くにあります．このことは

$$a_k x_i + b_k y_i + c_k + t_i < 0 \tag{9.6}$$

という不等式で表すことができます．マイナスのラベルがついた線からは，(9.6) とは向きの逆転した不等式が得られます．矢印のついた線からは，矢

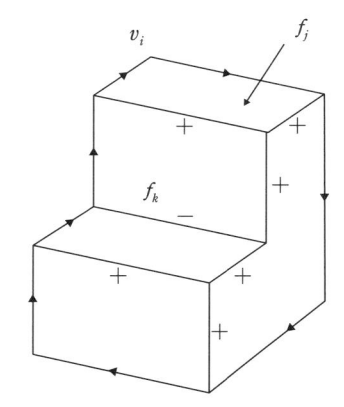

図 **9.2** 稜線の解釈を表す 3 種類のラベル．

印の右側（隠す側）が矢印の左側（隠される側）より視点に近いという関係が得られ，これも線形不等式で表されます．このようにして得られるすべての不等式をまとめて

$$B\boldsymbol{w} > \boldsymbol{0} \tag{9.7}$$

で表します．B は定数行列で，不等号は行ごとの不等号をまとめて表したものです．

このとき，次の定理がなりたちます（文献 [31]）．

定理 9.1 ラベルのつけられた線図形を投影図にもつ立体が存在するためには，方程式 (9.4) と不等式 (9.7) を満たす解 $\boldsymbol{w}$ が存在することが必要かつ十分である．

したがって，線図形が立体を表しているか否かの判定は，線形制約 (9.4), (9.7) の充足可能性の判定に帰着できます．そしてその具体的な判定手続きは線形計画法の分野で確立していますので，それを利用することができます．問題 9.1 は，数学的には，これでめでたく解けたことになります．

9.2 数学的な解は役に立つか

前節で見たとおり，問題 9.1 は，線形制約を満たす解があるか否かを判定することによって数学的に解くことができました．しかし，この解は，ロボットの眼などの工学的応用にただちに使えるわけではありません．このことは次の例からわかっていただけるでしょう．

図 9.3(a) に示した線図形は，人間にとっては，三角錐の上部を平面で切り取った立体を上から見下ろした絵というのがもっともすなおな解釈でしょう．図の中のラベルもこの解釈を表しています．

(a)　　　　　　　　　　　　　　(b)

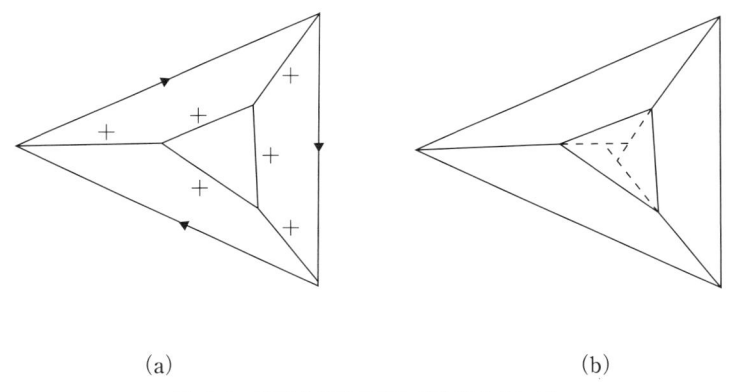

図 **9.3** 厳密な意味で多面体を表さない図．

しかし，この図に対して作った方程式 (9.4) と不等式 (9.7) は解をもちません．したがって，この図は多面体を表しません．このことは，図 9.3(b) に示すように補助線を引いてみればわかるでしょう．もし，この線図形が多面体を表しているなら，側面の 3 枚の四角形面は，空間で延長すると 1 点で交わるはずです．したがって，これらの側面の 2 つずつの交線も延長すると 1 点で交わらなければなりません．しかし，図 9.3(b) に破線で示すように，これらの交線は 1 点では交わりません．このことは，平面だけを使ったのでは，このような投影図をもつ立体は作れないことを意味していま

す．

このように，図 9.3(a) が多面体を表さないという答は，数学的には正しいものです．しかし，工学的な立場から見ると，こんな答はほしくありません．たとえば，多面体を撮影した画像から線を抽出するときには，ディジタル化などによって線の位置には誤差が入ります．また，デザイナーが電子ペンで描いたスケッチからコンピュータに立体情報を取り込みたいときにも，スケッチ画を厳密に正しく描くことはできません．そんな環境で，図 9.3(a) の線図形が正しくないと判定されても，ちっともうれしくありません．ほしいのは，人間と同じように，これが三角錐の上部を切り取った立体を表すと解釈できる計算機構です．

9.3 工学的な解を求めて

では，工学として役立つ視覚機能を実現するためにはどうしたらよいでしょうか．その答を探すためには，問題 9.1 そのものを反省しなおさなければなりません．実は，問題 9.1 は，絵を理解するコンピュータを作るために私たちが解きたい問題ではなかったのです．では，解くべき問題は何でしょうか．それは次の問題です．

問題 9.2 与えられた線図形に対して，それを投影図にもつ立体が作れるか否かを，人間と同じように柔軟に判定せよ．

こう書くと，そんなものは数学の問題ではないとおしかりを受けるかもしれません．確かに「人間と同じように柔軟に」という要求は，数学の世界を逸脱しています．だから問題 9.2 は，数学の問題にはなっていません．しかし，画像認識やスケッチ画認識など，ディジタル化の誤差からのがれられない現場では，これこそが解きたい問題なのです．

では，問題が数学的でないならば，その解法も数学とは関係のないところで探さなければならないのでしょうか．そうではありません．工学では，現場で解くべき課題から遊離しないように問題を設定しなければなりません．その結果，問題の記述自身は，数学の世界からは逸脱することが少なくあり

ません．しかしそれでもなお，その解法にはできるだけ数学を利用しようとします．このことを，問題 9.2 に沿って説明しましょう．

9.4 誤差に敏感な絵と鈍感な絵

図 9.3(a) の線図形は，頂点の位置に少しでも誤差が入ると多面体を表さなくなります．しかし，すべての線図形がそうなるわけではありません．たとえば図 9.4 に示した線図形は六面体の見える部分を表したものですが，絵の中の頂点の位置が少し動いても六面体を表していることに変わりはありません．すなわち，線図形の中には，頂点の位置誤差に敏感なものと鈍感なものの 2 種類があります．そして，鈍感なものについては式 (9.4), (9.7) が充足可能か否かを問うことは意味をもちます．なぜなら，少々の誤差が発生しても充足可能性が変化したりはしないからです．したがって，次の課題は，誤差に敏感な絵と鈍感な絵をいかにして区別するか，そして前者の場合をいかに後者の場合に帰着させるかです．

絵の正しさが頂点の誤差に敏感であるということは，すべての面が平面でなければならないという制約が厳密すぎることを意味しています．この制約は，線形連立方程式 (9.4) で表されています．図 9.3 のように誤差のために立体を表さない線図形に対して，方程式 (9.4) の解はどうなっているのでしょうか．実は，(9.4) だけに着目すれば，解がないわけではありません．ただし，それは「すべての平面が一致し，すべての頂点がその上に載っている」という自明な解であって，遠近関係の制約 (9.7) を満たしていません．このような自明な解をほしい解と区別するために，次の概念を導入します．

D を，ラベルのつけられた線図形とします．D から得られる行列 A において，頂点の座標 $x_1, y_1, \ldots, x_m, y_m$ を（数値ではなく）互いに異なる文字とみなしてできる行列を $\overline{A}$ で表します．頂点 v_i が 2 個以上の面に載る場合には，同一の文字 x_i, y_i が $\overline{A}$ の 2 カ所以上に現れます．$\overline{A}$ の要素は，整数係数多項式です．したがって $\overline{A}$ の小行列式も多項式であり，それが 0（多項式として恒等的に 0）か否かにしたがって，行列の階数も知ることができます．行列 A の階数は，D の頂点の位置を動かすと変わりますが，その中

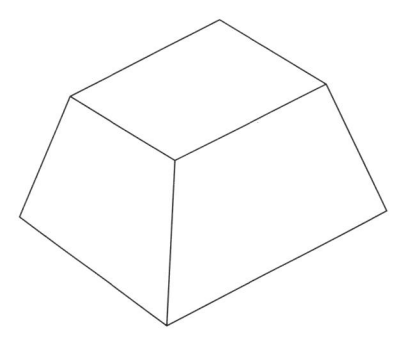

図 **9.4**　六面体の投影図.

の最大値が $\overline{A}$ の階数に一致します．なぜなら，頂点座標を変数とみなすことは，頂点座標がある特殊な数値をとったときだけに現れる例外的な代数関係をすべて封じたことを意味するからです．そこで行列 A のすべての小行列の階数が，対応する $\overline{A}$ の小行列の階数と一致するとき，D の頂点は**一般の位置**にあるということにします．

コンピュータで線図形を扱う際には，ディジタル化の誤差が避けられませんから，必然的に頂点が一般の位置にある場合を扱っていることになります．

式 (9.4) は，線図形 D の頂点と面だけの関係によって決まります．このことをはっきりさせるために次の概念を導入します．D に描かれている頂点の集合を V，面の集合を F とします．頂点 $v_i \in V$ とそれが載っている面 f_j との順序対をすべて集めてできる集合を R と置きます．$R \subset V \times F$ です．R の各要素から式 (9.3) が得られますから，R の要素と行列 A の行の間には 1 対 1 の対応があります．3 つ組 $I = (V, F, R)$ を，線図形 D の**接続構造**といいます．行列 $\overline{A}$ は，I のみによって定まります．

「D の頂点が一般の位置にあるとき，式 (9.4) の解 $\boldsymbol{w}$ で平面が互いに異なるものがある（すなわち $1 \leq i < j \leq n$ を満たすすべての i, j に対して，$a_i \neq a_j$ または $b_i \neq b_j$ または $c_i \neq c_j$ がなりたつ）解がある」という性質がなりたつならば，D の接続構造 I は，「**構造的に実現可能である**」ということにします．I が構造的に実現可能であるという性質は方程式 (9.4) にかか

わるものですが，不等式制約 (9.7) にはかかわっていません．ですから，構造的に実現可能という言葉から多面体が作れると勘違いしないでください．構造的に実現可能ならば，無限に伸びる n 枚の異なる平面と m 個の頂点を空間に配置して，隣接構造を実現できるというだけです．そのような面と頂点の配置から多面体が構成できるためには，さらに不等式 (9.7) が満たされなければなりません．しかし，隣接構造が構造的に実現可能ならば，誤差に対する図 9.3 のような敏感さはもちませんから，過剰な厳密さにわずらわされることなく，式 (9.4), (9.7) によって絵の正しさを判定できるわけです．

$I = (V, F, R)$ を隣接構造とし，$X \subset F$ とします．このとき

$$V(X) = \{v \in V \mid (\{v\} \times X) \cap R \neq \emptyset\}, \quad (9.8)$$

$$R(X) = (V \times X) \cap R \quad (9.9)$$

と置きます．$V(X)$ は，X に属す少なくとも 1 つの面に含まれる頂点の集合を表し，$R(X)$ は X に属す面とそれに含まれる頂点との対の集合を表します．また，集合 X の要素数を $|X|$ で表します．このとき次の定理がなりたちます（文献 [31]）．

定理 9.2 隣接構造 $I = (V, F, R)$ に対して，次の (1) と (2) は等価である．
(1) I は構造的に実現可能である．
(2) $|X| \geq 2$ を満たす任意の $X \subseteq F$ に対して

$$|V(X)| + 3|X| \geq |R(X)| + 4 \quad (9.10)$$

がなりたつ．

この定理の意義は，隣接構造の構造的実現可能性を判定する具体的手段を与えるところにあります．実際，不等式 (9.10) は，面や頂点を数え上げるだけで，数値誤差にわずらわされることなく確かめることができます．ただしこのままでは，F のほとんどすべての部分集合に対して式 (9.10) を調べなければなりませんから n の指数関数の計算時間がかかってしまいますが，ネットワークフローの理論を利用することによって n^2 に比例する計算時間まで減らせることもわかっています．

ここで，式 (9.10) の直感的な意味を説明しておきましょう．いま，絵の中の面の部分集合 X に着目します．式 (9.10) の左辺は，この着目した部分構造に含まれる頂点の数 $|V(X)|$ と，面の数の 3 倍 $3|X|$ を加えたものです．これは未知数の数です．なぜなら，各頂点 v_i は 1 個の未知数 t_i をもち，各面 f_j は 3 個の未知数 a_j, b_j, c_j をもつからです．一方，右辺は，X にかかわる頂点と面の対ですが，これは，式 (9.3) の形の方程式の数です．式 (9.10) は，未知数の数が，方程式の数より 4 以上大きくなければならないことを表しています．

もし 4 がなければ，この不等式はなじみのある形でしょう．すなわち，連立方程式が健全に立てられているならば，方程式のどの部分集合に対しても，そこに含まれる未知数の数は方程式の数以上です．ところが，式 (9.10) では，この両者の差が 4 以上でなければなりません．実はこの 4 は，「正しい絵に表されている立体の集合がもつ自由度の下限」に対応しています．いま，絵 D が多面体 P の投影図であるとしましょう．絵の中の 1 つの面を空間に固定するためには，その上の 3 個の頂点の奥行きを指定すればよいでしょう．この面を固定しても，P にはまだ "厚み" に関する自由度が残っていますから，さらにもう 1 つの頂点の奥行きを指定できます．このように P を確定するためには少なくとも 4 つの頂点の奥行きを与えなければなりません．この自由度の下限 4 が，式 (9.10) の右辺の第 2 項です．したがって，式 (9.10) は，一般に解が 4 以上の自由度をもつべき対象に対して，方程式が健全に立てられているための必要条件です．定理 9.2 は，この条件が構造的実現可能性の十分条件でもあることを示しています．

9.5 絵の柔軟な理解

定理 9.2 によって，線図形 D が誤差に敏感なのか鈍感なのかを判定できるようになりました．D の接続構造が構造的に実現可能であれば，D は誤差に鈍感なので，式 (9.4), (9.7) が解をもつか否かを直接調べることによって D が正しいか否かを判定できます．

一方，D の接続構造が構造的に実現可能でない場合には，9.3 節で見たよ

うに，式 (9.4), (9.7) の解をコンピュータで探すことは意味をもちません．しかし，この場合には，定理 9.2 を使って，方程式の過剰な厳密さを取り除くことができます．いま，集合 R から要素を 1 つずつ除いていったとしましょう．これは連立方程式 (9.4) から方程式を 1 つずつ取り除くことに対応します．そうすると，接続構造はいつか構造的に実現可能となるはずです．これは D が誤差に敏感である原因が，式 (9.4) が必要以上の方程式を含んでいるところにあり，そのような余分な方程式を取り除くことによって誤差に対する敏感さも除くことができることを意味しています．

以上の観察から，誤差に敏感な線図形の正しさを次の 3 ステップからなる手続きで判定できることがわかります．

まず第 1 ステップで，線図形 D に対する連立方程式 (9.4) から接続構造が構造的に実現可能となるまで方程式を取り除きます．その結果，得られる (9.4) の部分集合を

$$A'\boldsymbol{w} = \boldsymbol{0} \tag{9.11}$$

と置きましょう．たとえば図 9.5(a) の線図形からは 1 つの方程式を除くことによって敏感さを取り除くことができます．この図から頂点 v が面 f_3 に載っていなければならないという方程式を取り除いた様子を図 9.5 (b) に示しました．この図の 2 重線は，この線に沿って奥行きが不連続であってもかまわないことを表しています．

次に第 2 ステップで，式 (9.7), (9.11) が解をもつか否かを調べます．解がなければ，それは不等式 (9.7) に本質的な誤りが含まれていることを意味しますから，D は正しくないと判定できます．

一方，解があるときには，第 3 ステップで，その解の 1 つ $\boldsymbol{w}$ を使って，実際に頂点と面を 3 次元空間に配置します．この配置においては，取り除いた方程式は満たされていませんから，ほしい立体になっているとは限りません．しかし，この配置から面同士の交線や交点を求めなおせば，立体の表面の不連続なところを修復できます．さらに，それを線図形へ投影することによって，与えられた線図形 D の頂点位置を修正することもできます．たとえば図 9.5(b) に対応する面の配置から，頂点 v が載っているべき 3 つの

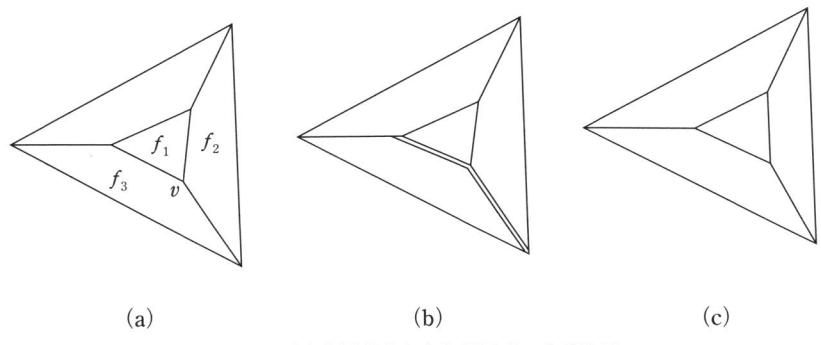

図 9.5 頂点位置誤差を含む線図形の自動修正.

面の交点を3次元空間で求めて，それを投影すれば，同図の (c) に示すように，絵の中の頂点位置を修正できます．そこで，修正結果ともとの線図形 D とを見比べて，誤差——すなわち修正に要した頂点の移動距離——が許容範囲内か否かにしたがって「正しいとみなして差しつかえない」かどうかを判定できます．

以上の手続きによって，問題 9.1 に答えようとすれば誤りであると判定されてしまう線図形からも，人間の視覚と同じような柔軟さで立体構造を取り出すことができるようになります．

10
だまし絵の描き方

　与えられた線図形を立体として理解するための解釈の候補を見つける方法，そして，その候補が本当に正しい解釈かどうかを判定する方法を，前の2つの章で見てきました．これらの知見に基づいて，本章では，だまし絵を描くいくつかの基本パターンをまとめます．これらのパターンに"芸術性"というスパイスを加えることができれば，エッシャーのような作品を自分で

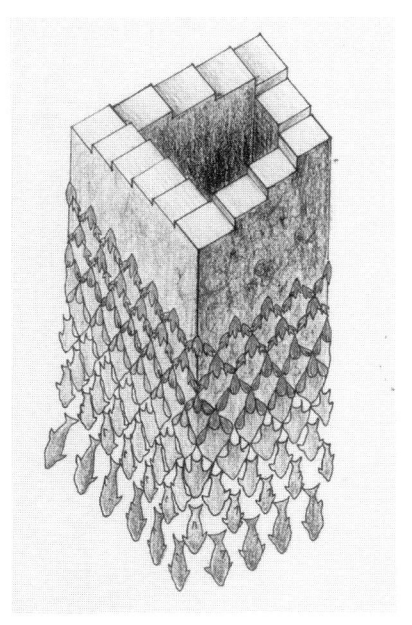

平野雪 作：「流れゆく無限階段」，2007．

も創ることは，けっして夢ではないでしょう．

10.1　だまし絵とよばれるためには

　だまし絵 (anomalous picture) とは，要するに間違った絵のことです．間違った絵ですから，それを見た人は何か変だと感じます．でも間違った絵ならなんでもだまし絵になるかというと，けっしてそんなことはありません．紙の上にでたらめに線を書きなぐったら，それは単にでたらめなだけで，おもしろくもなんともありませんし，ましてや錯視を生じるわけではありません．

　だまし絵は立体を表していないという意味ででたらめな絵なのではありますが，錯視を生じさせるある秩序ももっています．その秩序とは，絵の中の部分部分を見れば，それぞれに正しい絵の一部となっているという性質です．

　このことを例で見てみましょう．口絵に示したエッシャーの作品「上昇と下降」(1960) は，だまし絵を芸術に高めた代表的版画で，多くの話題を集めたものです（文献 [17]）．この作品の中に使われている無限階段のだまし絵を単純化した構造を，図 10.1 に示しました．ここでは階段が「ロ」の字型につながれていますが，この階段を時計回りにたどると，昇り続けるばかりで下ることはありません．しかし，1 周したあとでもとの位置にもどってしまいます．階段を昇り続ければ，地面からの高さが単調に高くなっていきますから，もとにもどるはずはありません．したがって，これはだまし絵で

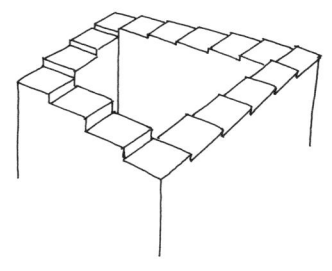

図 **10.1**　「上昇と下降」の中の無限階段．

(a) (b)

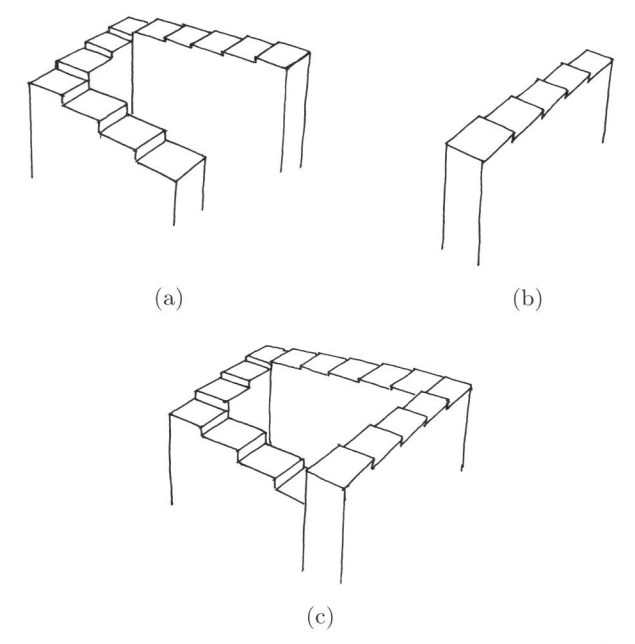

(c)

図 **10.2** 無限階段の正しい部分図形への分解とそのすなおな合成.

す．

　この無限階段を，2 つの部分に分けて描いてみたのが，図 10.2 の (a) と (b) です．このように分けてみると，それぞれは，正しい階段の絵となっています．そして，この 2 つを普通につなぎ合わせて合成すると，同図の (c) のようになるでしょう．すなわち，階段を昇り続けて 1 周すると，高さが変わるため行き止まりになってしまいます．これは正しい絵です．

　この "普通の絵" において，見えている部分と隠されている部分を絵の中で入れ替えた結果が，図 10.1 となっていることがわかります．立体として作れるかどうかを考えなければ，このように，絵の中で見えている部分と隠されている部分を入れ替えることは自由にできます．そして，この入れ替えは，だまし絵を描くための基本技術の 1 つなのです．

　ところで，図 10.1 の絵の間違いは，図 10.2(c) で前後関係を入れ替えた

144   10 だまし絵の描き方

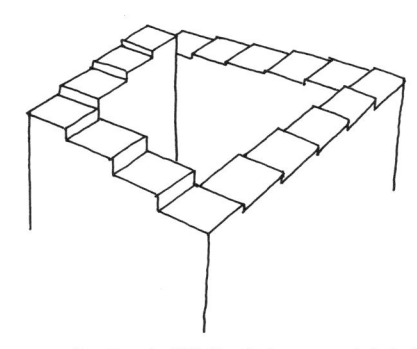

図 10.3 「ロ」の字型階段のもう 1 つのすなおな絵.

部分にあるのかというと，そうは言えません．なぜなら，4 辺の階段を図 10.3 に示すように合成することもできるからです．このように合成すると，図 10.2(c) とは別のところに高さの不連続ができ，その部分の前後関係を入れ替えたものが，図 10.1 だと解釈することもできてしまいます．このように，このだまし絵は，絵の中のどこか 1 カ所に間違いが集中しているのではなく，どこを見ても部分的には正しく描かれているのに，全体として構造のつじつまが合っていないのです．以上の観察は，次のようにまとめることができます．

観察 10.1 だまし絵は，部分的に正しい絵を組み合わせながら，全体として矛盾を含む構造に仕上げることによって描くことができる．

ところで，図 10.1 のだまし絵にはもう 1 つの巧妙な工夫が施されています．それは，「ロ」の字の 4 つの辺に並べられている階段の段数の違いです．

単純に，同じ段数の階段を 4 つの辺に置いて普通の絵を描くと，たとえば図 10.4 のようになります．当然のことですが，このように描いたのでは，最初と最後の階段の高さの差が絵の中にもそのまま残ります．これでは，見えている部分と隠されている部分を入れ替えても階段はつながりません．

図 10.1 では，この不都合を解消し，少なくとも絵の中では 1 周したときに高さの差が生じないように，4 つの辺の階段の段数が調整されています．

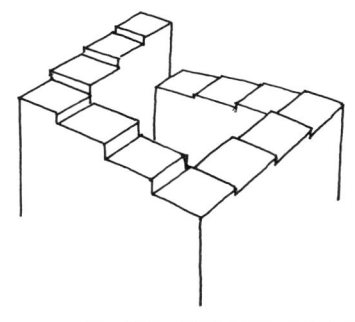

図 10.4　4 つの辺の階段の段数を等しくした場合の絵.

だからこそ，見えているところと隠されているところを入れ替えたとき，階段がつながっているという印象を与えることができます．この観察もまとめておきましょう．

観察 10.2　だまし絵を作るためには，正しい絵の部品が絵の中で互いに無理なくつながるように，部品の大きさを調整することが大切である．

　このような工夫によって，絵のどの部分を見ても，そこだけに限定すれば正しい立体の一部が描かれているという性質をもたせることができます．このような絵を見たとき，私たちは立体が描かれているという印象をもちます．そして，それにもかかわらず，全体を通して眺めるとつじつまが合っていないことに気づき，不思議な気持ちになります．これが，だまし絵を見たときに生じる錯覚の正体でしょう．このことを念頭に置いて，だまし絵を描くことのできる具体的技術について見ていくことにします．

10.2　だまし絵描画技法

　だまし絵を描きたかったら，正しい絵の部品を，全体として矛盾が生じるように組み合わせればよいことがわかりました．しかし，これだけでは少々抽象的で，実際にだまし絵を描こうとしてもとまどうのではないでしょうか．「全体として矛盾が生じるように組み合わせる」ためにはどうしたらよ

いかをもう少し具体的に噛みくだいて，いくつかの「技法」として整理してみましょう．多くのだまし絵を収集し眺めている中で，私が見つけた技法の主なものは次のとおりです．

(1) 平行等間隔線のランダムな接続

たとえば同じ本数の線が等間隔で平行に並んだ部分をもっている線画はたくさんあります．図10.5(a), (b), (c)には，5本の線が平行等間隔に並んだ正しい線画の例を示しました．そのような線画をカードに描いて，それらの平行線に垂直に切断してそれを部品とみなします．(a), (b), (c)からは，この図に示すように，6個の部品A, A', B, B', C, C'が得られます．次に，その部品をランダムに組み合わせます．運がよければだまし絵ができます．図10.5の(d), (e), (f)はこのようにしてできただまし絵の例です．ここには，どの部品を組み合わせたかを，部品の記号A, A', B, B'などで示しました．

図 **10.5** 部品のランダムな組合せによるだまし絵．

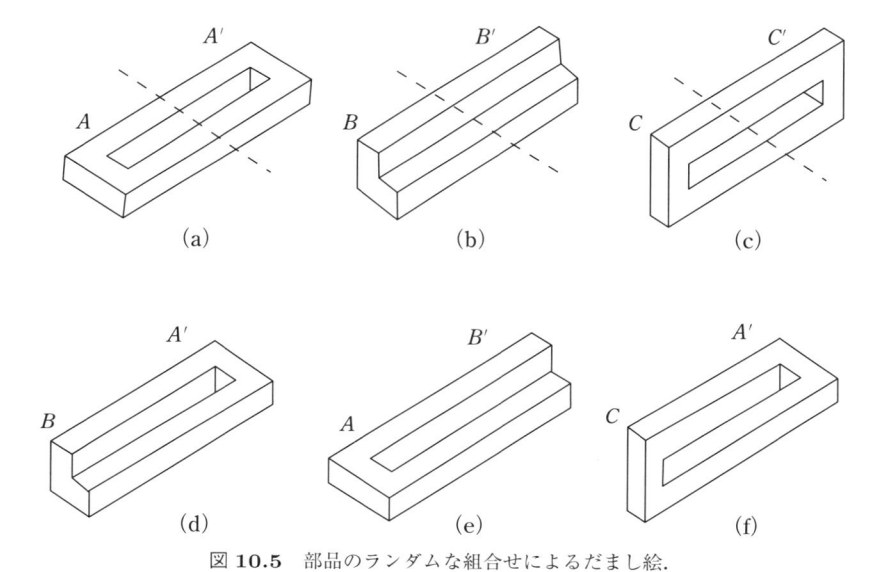

図8.7(b)に示しただまし絵もこの方法で描くことができます．

このようにして作っただまし絵の中には，頂点辞書に反するために立体と

しては作れないことが確認できるものもたくさんあります．

(2) ひねりを加えたトーラス

4本の角材を環状につないだ構造の絵を角材の途中で切断すると，図10.6 (a) に示すように，2本の角材を直角に接続した4つの部品 A, B, C, D が得られます．これらの部品は，どれも，3本の平行等間隔な線を2組もちます．この部品をランダムに組み合わせると，この図の (b), (c), (d) に示すように角材を環状につないだだまし絵ができます．図8.7(c) に示した有名なペンローズの三角形もこの方法で描くことができます．これは，部品のランダムな組合せともみなせますが，角材にひねりを加えながらトーラス状に接続する操作ともみなせます．

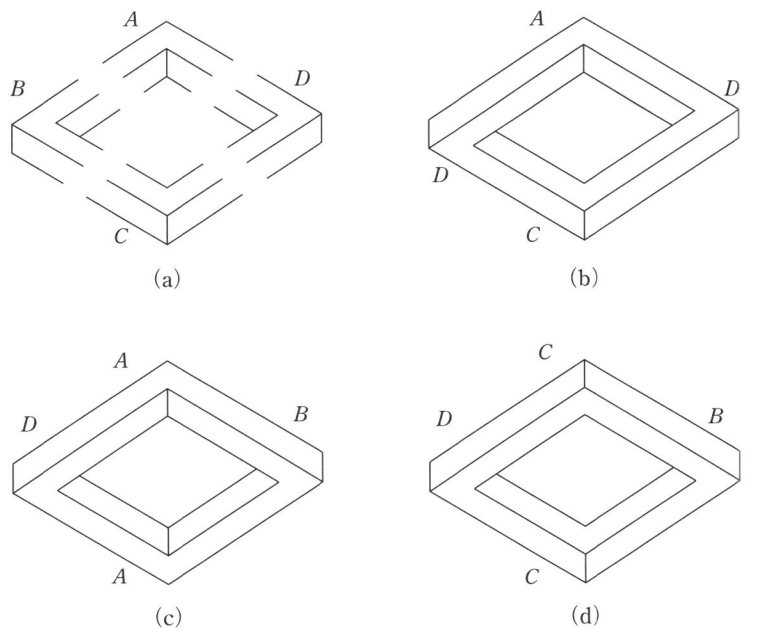

図 **10.6** 角材を切断しランダムに接続することによってできるだまし絵．

(3) 前後関係の逆転

　立体の一部分が他の部分を隠しているという状況を表した正しい絵に対して，隠している部分と隠されている部分を絵の中では交換できる場合があります．そうすると，前後関係に矛盾を含んだ絵ができあがります．図 10.1 のだまし絵もそのようにして作ることができました．図 10.7 にもさらに例を示します．この図の (a), (b), (c) は普通の絵で，その中の見えている部分と隠されている部分を入れ替えて得られるだまし絵が (a′), (b′), (c′) です．

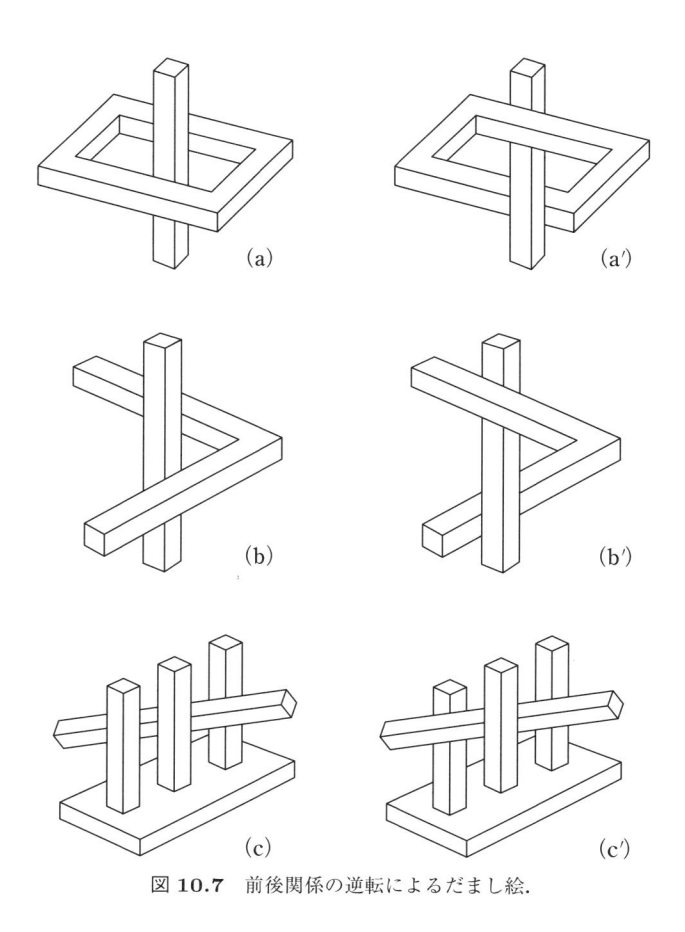

図 **10.7**　前後関係の逆転によるだまし絵.

(4) 自分自身を隠す面

立体の1つの面が自分自身を隠すという構造を取り入れることによって，だまし絵を作ることができます．図 10.8 にいくつかの例を示します．1つの面が自分自身を隠すことはあり得ませんから，そのような絵は，必ず不可能な立体の絵となります．

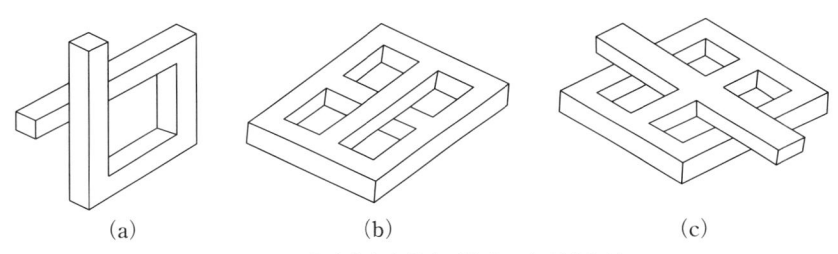

図 **10.8** 自分自身を隠す面をもっただまし絵．

(5) 複数の交線

図 10.9 に示すように，立体の 2 つの面が 2 本の交線をもち，それらが同一直線上に並んでいないように描くと，だまし絵を作ることができます．この図では，そのような 2 本の交線を破線で示しました．空間の平行でない 2 枚の平面は，唯一の交線をもちますから，このようにして作った絵も確実に不可能な立体の絵となります．ただし，人間の視覚は位置の誤差にそれほど敏感ではありませんから，2 本の交線を同一直線から大きくはずさないと不可能という印象を与えることができず，だまし絵とはならないことがありま

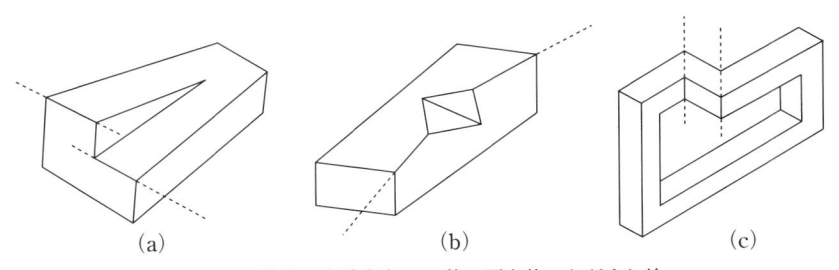

図 **10.9** 複数の交線をもつ 2 枚の面を使っただまし絵．

す（間違った絵でも間違っていることに人が気づかなければ，だまし絵とはいえないことに注意しましょう）．

(6) 補助部材の貫通

正しい立体の絵に，あり得ない向きと順序で補助的な角棒を貫通させることによっても，だまし絵を描くことができます．図 10.10 にいくつかの例を示しました．

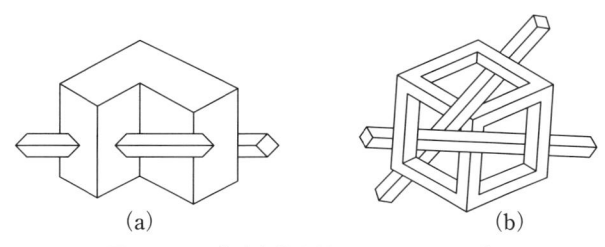

図 **10.10** 補助部材を貫通させただまし絵．

このほかにもだまし絵を描くことのできる技法はいろいろ考えられます．このほかの例については，文献 [32], [34], [38] などを参照してください．

ところで，この節ではだまし絵を，立体としては作れそうにない絵という程度に考えてきました．作れそうにないだけであって，本当に作れないかどうかは別の話です．作れないかどうかは，第 8 章，第 9 章の方法を使えば判定できますが，それも，そこで考えた立体実現問題の枠組みの中だけでの話です．ある前提のもとで作れない立体も，別の前提のもとでは作れることもあります．次章からは，前提を取り替えるとだまし絵からも立体が作れることを見ていきます．

11
不連続のトリック
不可能立体の作り方 その1

　エッシャーはだまし絵を素材に用いて絵を描きました．そしてその描き方を私たちも一応は理解できたと思います．そこで，ここから先は，だまし絵に描かれている構造を，実際に立体として作る方法について考えていきたいと思います．それによってエッシャーを越えようではありませんか．ただし，だまし絵に描かれた立体はすなおには作れません．何らかのトリックが必要です．そのようなトリックの1つは，「つながっているように見えると

宗岡均 作：「階段」，2006．

ころを不連続に作る」方法です．本章ではこれを見ていきます．

11.1 投影の幾何学

目的は絵から立体を作ることですが，これを実現するために，まず，立体を紙面に投影して絵を描く過程を数理的に定式化しましょう．

図 11.1 に示すように，3 次元空間に固定された立体を視点 E から眺めたときに見える形を，xy 平面上に描くとしましょう．ただし，E は xy 平面には含まれない点であるとします．

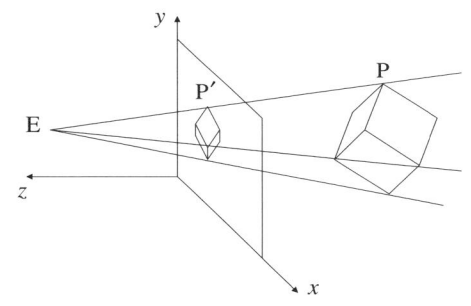

図 11.1 視点と立体と投影図．

立体の表面上の 1 点 P に着目します．E と P を通る直線と xy 平面との交点を P′ とします．P′ を P の**中心投影像** (centrally projected image) といい，E を**投影中心** (center of projection)，xy 平面を**投影面** (projection plane) といいます．立体の表面の頂点や稜線上の点などの特徴的な点の中心投影像を集めると，その立体の絵が得られます．これを，その立体の中心投影像といいます．

視点 E の座標を (e_x, e_y, e_z) とします．立体表面の 1 点 P_i の座標を (x_i, y_i, z_i) とします．このとき，E と P_i を通る直線上の点 (x, y, z) は，パラメータ $t\ (>0)$ を用いて

$$\begin{pmatrix} x \\ y \\ z \end{pmatrix} = \begin{pmatrix} e_x \\ e_y \\ e_z \end{pmatrix} + t \begin{pmatrix} x_i - e_x \\ y_i - e_y \\ z_i - e_z \end{pmatrix} \tag{11.1}$$

と表すことができます．これが，視点から出た半直線の方程式です．

P_i の投影像 P_i' は，この直線と xy 平面の交点となります．xy 平面では $z=0$ です．そこで，式 (11.1) において $z=0$ と置くと，第 3 式より

$$0 = e_z + t(z_i - e_z) \tag{11.2}$$

が得られますから，

$$t = \frac{-e_z}{z_i - e_z} \tag{11.3}$$

となります．$z=0$ のときの x と y を x_i', y_i' と置きましょう．式 (11.3) の t を式 (11.1) の第 1 式，第 2 式に代入することによって，x_i', y_i' は

$$x_i' = e_z + \frac{-e_z}{z_i - e_z}(x_i - e_x), \tag{11.4}$$

$$y_i' = e_y + \frac{-e_z}{z_i - e_z}(y_i - e_y) \tag{11.5}$$

と求められます．これが，点 (x_i, y_i, z_i) からその投影像 $(x_i', y_i', 0)$ を求める式です．

式 (11.4), (11.5) の分母が 0 となるのは，立体上の点 P_i の z 座標が視点 E の z 座標と一致するときです．そのときには，投影像は定まりません．$z_i \neq e_z$ ならば，投影像 P_i' はいつも一意に定まります．

以上の観察から，立体の表面上の点の z 座標が視点の z 座標と一致することがなければ，立体の xy 平面への中心投影像は一意に決まることがわかります．

11.2 線画からの立体復元

逆に，xy 平面上の投影像が与えられたとき，その投影像をもたらす立体

が存在するでしょうか．実はいつも存在するとは限りません．また，存在する場合には無限に多くの立体ができる可能性があります．このことを確かめるために，まずは，点や面などの，立体を構成する部品について考えましょう．

(1) 点の復元

xy 平面上に点 $P' = (x', y')$ が与えられたとしましょう．視点 E を始点とし，点 P' を通る半直線を，P' を通る**視線** (view line) といいます．この視線は，式 (11.1) において (x_i, y_i, z_i) を $(x', y', 0)$ に置き換えた式で表されます．すなわち

$$\begin{pmatrix} x \\ y \\ z \end{pmatrix} = \begin{pmatrix} e_x \\ e_y \\ e_z \end{pmatrix} + t \begin{pmatrix} x' - e_x \\ y' - e_y \\ -e_z \end{pmatrix} \tag{11.6}$$

で表されます．この式において任意の非負実数 t を指定したとき決まる点 (x, y, z) が，絵の中の点 P' に対応します．したがって，中心投影像が P' に一致する点は P' を通る視線上の任意の点であり，無限に多くあります．t の値を実際に決めて，点 P を空間に固定したとき，t の値を P の**奥行き** (depth) とよぶことにします．

(2) 面の復元

図 11.2 に示すように，xy 平面上に 1 つの多角形 Π' が与えられたとしましょう．この多角形の頂点を $P_1', P_2', \ldots, P_n'$ とし，対応する 3 次元空間の多角形を Π，その頂点を $P_1, P_2, \ldots, P_n$ とします．各点 P_i は，P_i' を通る視線上になければなりません．一方，同一直線上にはない 3 点を指定すると，それらを通る平面は一意に定まります．したがって，頂点 $P_1, P_2, \ldots, P_n$ の中の 3 点 P_i, P_j, P_k で，対応する投影像 P_i', P_j', P_k' が xy 平面上で同一直線に載っていないものを選び，その空間の位置をそれぞれの視線上で固定すると，多角形 Π が定まります．

上の手続きをもう少しくわしく見ていきましょう．点 P_i' の座標を $(x_i',$

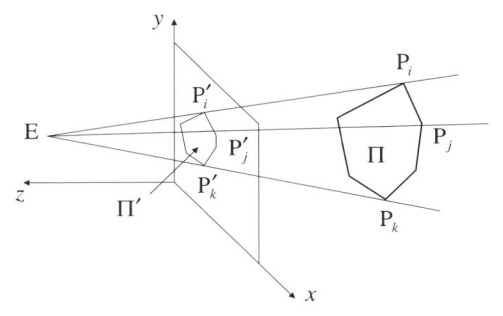

図 **11.2** 1つの多角形面の復元.

$y_i', 0)$,点 P_i の座標を (x_i, y_i, z_i) とします.一般性を失うことなく,奥行きを指定する 3 頂点を P_1, P_2, P_3 とします.これら 3 点の奥行きを,パラメータ t の値 t_1, t_2, t_3 でそれぞれ指定したとします.このとき,点 P_1, P_2, P_3 の座標は式 (11.6) より

$$\begin{pmatrix} x_i \\ y_i \\ z_i \end{pmatrix} = \begin{pmatrix} e_x \\ e_y \\ e_z \end{pmatrix} + t_i \begin{pmatrix} x_i' - e_x \\ y_i' - e_y \\ -e_z \end{pmatrix}, \quad i = 1, 2, 3 \qquad (11.7)$$

で求められます.

次に,3 次元空間の多角形 Π を含む平面の方程式を

$$a(x - e_x) + b(y - e_y) + c(z - e_z) = 1 \qquad (11.8)$$

と置きます.平面は x, y, z の 1 次式で表されますから,単純に $ax + by + cz = 1$ などと置くこともできますが,ここでは,わざわざ上のように少々複雑な形で表すことにします.その理由は,次のとおりです.平面の方程式は x, y, z の 1 次の項と定数項のあわせて 4 つの項からなります.一方,この方程式の両辺に同じ数をかけても,表される平面は変わりません.したがって,未知平面の方程式は,本質的に 3 個の未知パラメータをもちます.しかし,その 3 個のパラメータを 4 つの項のうちの 3 つに置くと,残りの項が 0 となる平面が表せなくなります.私たちがいま考えている面は,視点 E から見て多角形に見える面ですから,E を通る平面は考えなくてもか

まいません．そこで，Eを通らない平面をすべて表せるように，未知パラメータ a, b, c を配置した結果が，式 (11.8) の方程式なのです．

Π は $\mathrm{P}_1, \mathrm{P}_2, \mathrm{P}_3$ を含みますから，その座標を式 (11.8) に代入して

$$a(x_1 - e_x) + b(y_1 - e_y) + c(z_1 - e_z) = 1, \tag{11.9}$$

$$a(x_2 - e_x) + b(y_2 - e_y) + c(z_2 - e_z) = 1, \tag{11.10}$$

$$a(x_3 - e_x) + b(y_3 - e_y) + c(z_3 - e_z) = 1 \tag{11.11}$$

が得られます．この3式は，a, b, c を未知数とする連立1次方程式です．これを解いて a, b, c を求めれば，Π を含む平面が定まります．残りの頂点 $\mathrm{P}_4, \mathrm{P}_5, \ldots, \mathrm{P}_n$ は，対応する視線と Π との交点として求まります．P_i を通る視線は式 (11.6) より，t_i をパラメータとして

$$\begin{pmatrix} x \\ y \\ z \end{pmatrix} = \begin{pmatrix} e_x \\ e_y \\ e_z \end{pmatrix} + t_i \begin{pmatrix} x_i{}' - e_x \\ y_i{}' - e_y \\ -e_z \end{pmatrix}, \quad i = 4, 5, \ldots, n \tag{11.12}$$

と表すことができます．この式の x, y, z を式 (11.8) に代入すると

$$a(x_i{}' - e_x)t_i + b(y_i{}' - e_y)t_i - c e_z t_i = 1 \tag{11.13}$$

が得られますから

$$t_i = \frac{1}{a(x_i{}' - e_x) + b(y_i{}' - e_y) - c e_z} \tag{11.14}$$

となり，この式と式 (11.6) より，$\mathrm{P}_i, i = 4, 5, \ldots, n$ の座標は

$$\begin{pmatrix} x_i \\ y_i \\ z_i \end{pmatrix} = \begin{pmatrix} e_x \\ e_y \\ e_z \end{pmatrix} + \frac{1}{a(x_i{}' - e_x) + b(y_i{}' - e_y) - c e_z} \begin{pmatrix} x_i{}' - e_x \\ y_i{}' - e_y \\ -e_z \end{pmatrix} \tag{11.15}$$

によって求めることができます．

(3) 辺を共有する2面の復元

図 11.3 に示すように，2枚の多角形 Π_1, Π_2 が接続して稜線を構成している構造の投影像 Π_1', Π_2' が，xy 平面上に与えられたとしましょう．そのうちの1つの多角形 Π_1 は，3頂点の奥行きを指定すると定まります．もう一方の多角形 Π_2 は，Π_1 と稜線を共有しますから，この稜線を軸として回転する自由度しか残っていません．そのため，この稜線上にはない Π_2 上の1点の奥行きを，視線上で指定するとその位置が定まります．このように，辺を共有する2つの面からなる構造は，4つの頂点（ただし，1つの面からは高々3頂点のみを選び，1つの面から3頂点を選ぶときには，それらが xy 平面上で同一直線上にはない組合せで選ぶことにします）の奥行きを視線上で指定すれば定まります．

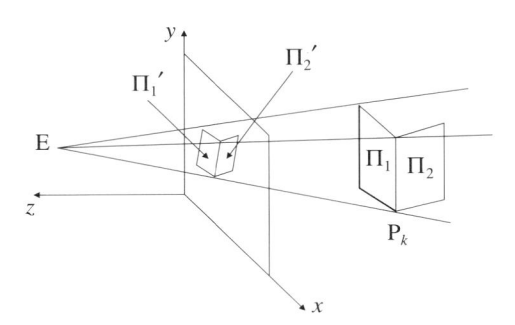

図 11.3 辺を共有する2つの多角形の復元．

このとき，1つの面から3頂点を選べば，まずその面が定まり，次にその隣りの面が定まります．一方，2つの面から2個ずつの頂点を選んで奥行きを指定したときには，一方の面を定めてからもう一方を定めるという手続きはふめません．両方の面を同時に決定しなければなりません．次にその方法を考えてみましょう．

多角形 Π_1' に属すけれど多角形 Π_2' には属さない頂点 P_1', P_2' と，Π_2' には属すけれど Π_1' には属さない頂点 P_3', P_4' を選び，その奥行きを，式 (11.6) のパラメータ t の値を定めることによって指定したとしましょう．

P_1, P_2, P_3, P_4 に対応するパラメータの値を t_1, t_2, t_3, t_4 とします．このと

き，$P_i = (x_i, y_i, z_i)$, $i = 1, 2, 3, 4$, の座標は，式 (11.6) より

$$\begin{pmatrix} x_i \\ y_i \\ z_i \end{pmatrix} = \begin{pmatrix} e_x \\ e_y \\ e_z \end{pmatrix} + t_i \begin{pmatrix} x_i{}' - e_x \\ y_i{}' - e_y \\ -e_z \end{pmatrix}, \quad i = 1, 2, 3, 4 \quad (11.16)$$

と定まります.

次に，空間の多角形 Π_1, Π_2 を含む平面を，それぞれ

$$a_1(x - e_x) + b_1(y - e_y) + c_1(z - e_z) = 1, \quad (11.17)$$
$$a_2(x - e_x) + b_2(y - e_y) + c_2(z - e_z) = 1 \quad (11.18)$$

と置きます.

P_1 と P_2 は面 Π_1 上にありますから，式 (11.16) の $i = 1, 2$ に対応する座標を式 (11.17) に代入した式がなりたちます．すなわち

$$t_1(x_1{}' - e_x)a_1 + t_1(y_1{}' - e_y)b_1 - t_1 e_z c_1 = 1, \quad (11.19)$$
$$t_2(x_2{}' - e_x)a_1 + t_2(y_2{}' - e_y)b_1 - t_2 e_z c_1 = 1 \quad (11.20)$$

がなりたたなければなりません．同様に，P_3, P_4 は面 Π_2 の上にありますから

$$t_3(x_3{}' - e_x)a_2 + t_3(y_3{}' - e_y)b_2 - t_3 e_z c_2 = 1, \quad (11.21)$$
$$t_4(x_4{}' - e_x)a_2 + t_4(y_4{}' - e_y)b_2 - t_4 e_z c_2 = 1 \quad (11.22)$$

もなりたたなければなりません．

次に，Π_1 と Π_2 が共有する稜線の端点を P_5, P_6 とし，この 2 つの頂点の奥行きに対応するパラメータ t の値を t_5, t_6 とします．t_5, t_6 は未知数です．P_5, P_6 は Π_1 の上にありますから

$$t_5(x_5{}' - e_x)a_1 + t_5(y_5{}' - e_y)b_1 - t_5 e_z c_1 = 1, \quad (11.23)$$
$$t_6(x_6{}' - e_x)a_1 + t_6(y_6{}' - e_y)b_1 - t_6 e_z c_1 = 1 \quad (11.24)$$

です．ここで，

$$s_5 = \frac{1}{t_5}, \tag{11.25}$$

$$s_6 = \frac{1}{t_6} \tag{11.26}$$

と置いて，式 (11.23), (11.24) を s_5, s_6 を使って表すと

$$(x_5{}' - e_x)a_1 + (y_5{}' - e_y)b_1 - e_z c_1 = s_5, \tag{11.27}$$

$$(x_6{}' - e_x)a_1 + (y_6{}' - e_y)b_1 - e_z c_1 = s_6 \tag{11.28}$$

となります．未知数は a_1, b_1, c_1, s_5, s_6 ですから，式 (11.27), (11.28) は線形な方程式であることがわかります．

同様に，P_5, P_6 が Π_2 の上にあるという条件から

$$(x_5{}' - e_x)a_2 + (y_5{}' - e_y)b_2 - e_z c_2 = s_5, \tag{11.29}$$

$$(x_6{}' - e_x)a_2 + (y_6{}' - e_y)b_2 - e_z c_2 = s_6 \tag{11.30}$$

も得られます．

以上で得られた式 (11.19)-(11.22), (11.27)-(11.30) は，8 個の未知数 $a_1, b_1, c_1, a_2, b_2, c_2, s_5, s_6$ に関する連立方程式です．しかも，これら 8 個の未知数に関して線形ですから，その解法は確立しており，容易に解を求めることができます．このように，4 個の頂点の奥行きを指定することによって，辺を共有する 2 つの多角形から立体構造を復元できます．

(4) 立体の逐次復元

3 個以上の多角形が描かれている線画を考えましょう．この線画の線が，凸線，凹線，輪郭線に分類されて，ラベルがつけられているとします．描かれている多角形に適当に通し番号をつけて，$f_1, f_2, \ldots, f_n$ とします．この多角形の列

$$(f_1, f_2, \ldots, f_n)$$

は，次の条件を満たすとき，**逐次復元可能列** (incrementally reconstractible sequence) といいます．

条件 1 f_1 と f_2 は凸線または凹線を共有する.

条件 2 $i = 3, 4, \ldots, n$ に対して, f_i は, $f_1, f_2, \ldots, f_{i-1}$ のうちの 2 個以上と凸線または凹線を共有する.

たとえば, 図 11.4 の線画に対して, この図のように多角形に番号をつけて $f_1, f_2, \ldots, f_7$ とおくと $(f_1, f_2, \ldots, f_7)$ は逐次復元可能列となります.

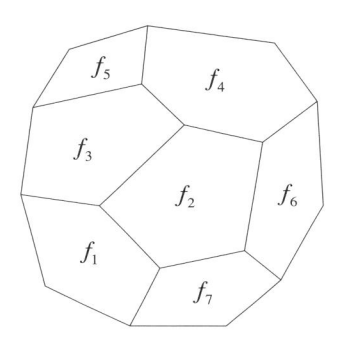

図 **11.4** 逐次復元可能な構造.

逐次復元可能列は, それが多面体の投影図となっていれば, 最初の 2 つの多角形を空間に配置すると, 残りの多角形の位置をこの順に決定することができます. なぜなら, すでに $f_1, \ldots, f_{i-1}$ を空間に固定したとき, f_i 上の 3 個以上の頂点が空間に固定されたことになりますから, それらを通る平面として f_i を空間に固定できるからです.

11.3 奥行きにギャップを設ける

だまし絵が xy 平面上に与えられ, その線は凸線, 凹線などに分類されて, ラベルがつけられているとしましょう. ただし, 線の種類は, 前章で考えた凸線, 凹線, 輪郭線に加えて, もう 1 つ考えることにします. それは, 両側の面が同一平面上にあり, その線に沿って立体に亀裂が入っていることを表す線です. この線を, **亀裂線** (crack line) とよび, 丸印をつけて表すことにします. 亀裂線を含んだ線画の例を図 11.5 に示します.

11.3 奥行きにギャップを設ける　161

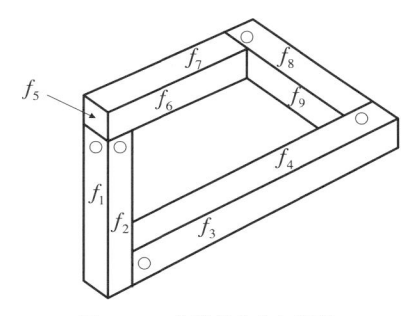

図 11.5　亀裂線を含む線画.

　線のラベルを無視してよいのなら，どのような線画からも，それを中心投影図にもつ立体構造を作ることができます．実際，図 11.6 に示すように，各面を独立な多角形とみなしてそれらを空間に配置することはいつでもできるからです．

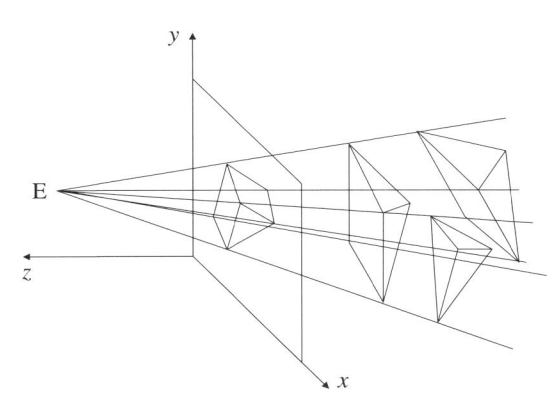

図 11.6　線画の中の各面をばらばらの立体とみなした復元.

　しかし，それでは面白くありませんから，このような自明な実現法は考えないことにします．線画の中の線の分類はできる限り尊重しながら立体を作ることを考えていきましょう．
　さらに，xy 平面上にはない点 E が視点として指定されたとしましょう．このとき，このだまし絵を，E を投影中心とする中心投影像としてもつ立体を構成することを目標として，面を 1 つずつ空間に配置することを試みて

みましょう．そのためには，前節で考えた手続きを順にふめばよいはずです．しかし，線画はだまし絵ですから，多くの場合に途中で行き詰まってしまい，立体を完成することはできないでしょう．

でも，そこであきらめないで，線の分類を必要に応じて変更することにします．すなわち，凸線，凹線，亀裂線などに分類され，したがって，両側の面がそこで接続していなければならないという制約をもっている線に対して，その分類を無視するのです．すなわち，両側の面は，その線に沿って接続していなければならないという制約を取り除いて，2つの面は，その線に沿って奥行き方向にギャップがあり，不連続になっていてもかまわないとみなします．

このようにみなせば，行き詰まりを解消することができて，次の面を空間に配置する手続きに進めるでしょう．そこで，行き詰まるたびに，このように奥行き方向のギャップを設けることにして，すべての面を配置してしまいましょう．この方法で，だまし絵を中心投影図にもつ立体をいつでも作ることができます．

その結果できる立体では，絵の中でつながっているように見える線のいくつかは実際にはつながっておらず，不連続なギャップが残ります．しかし，いつでも立体が作れますから，強力な立体構成法です．

図 11.5 のだまし絵を例にとって，この手続きを考えてみましょう．この図のように，面に $f_1, f_2, \ldots, f_9$ と名前をつけます．まず，f_1 と f_2 を空間に配置します．これらは辺を共有する2つの多角形ですから，4個の頂点の奥行きを指定すると配置が決まります．f_2 と f_3 は亀裂線を共有していますから，f_2 と f_3 は同一平面に載っており，したがって，f_3 の位置も決まります．一方，f_4 は f_3 と凸線を共有していますから，さらに1個の頂点の奥行きを指定することによって配置できます．

f_5 は f_1 と同一面，f_6 は f_2 と同一面ですから，その位置が決まります．f_7 は，f_5 と f_6 の両方と辺を共有していますから，やはりその位置が決まります．

次に f_8 に着目します．f_8 は f_4 と同一平面上にあると同時に，f_7 とも同一平面上になければなりません．しかし，一般に，この両方の制約を満た

すことはできません.そこで,f_7 と f_8 の間の亀裂線を無視します.その結果,f_8 は f_4 と同じ平面にあるものとして位置を決めることができます.同様に f_6 と f_9 の間の凹線を無視して,f_9 上の 1 個の頂点の奥行きを指定すれば f_9 を空間に配置することができます.このようにして,奥行きのトリックをもっただまし絵立体ができ上がります.

上の手続きで作った立体の例を図 11.7 に示します.(a) は,だまし絵と同じように見える視点から撮影した画像で,(b) は別の視点から撮影した画像です.(b) から,f_6, f_7 をもつ角材と,f_8, f_9 をもつ角材はつながっていないことがわかります.

(a)　　　　　　　　　　　　(b)

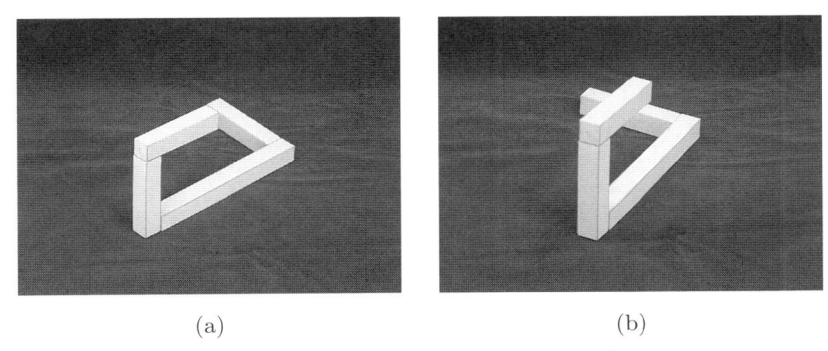

図 **11.7**　図 11.5 のだまし絵から作った立体.

また,この立体を作るときに使った展開図を図 11.8 に示します.この図からわかるように,4 本の角材を別々に作り,それを貼り合わせて最終的な立体を作ります.

164   11 不連続のトリック

ここがつながって
いない

A
D C
B

完成図

A

この長さの20倍が
視点までの距離

B

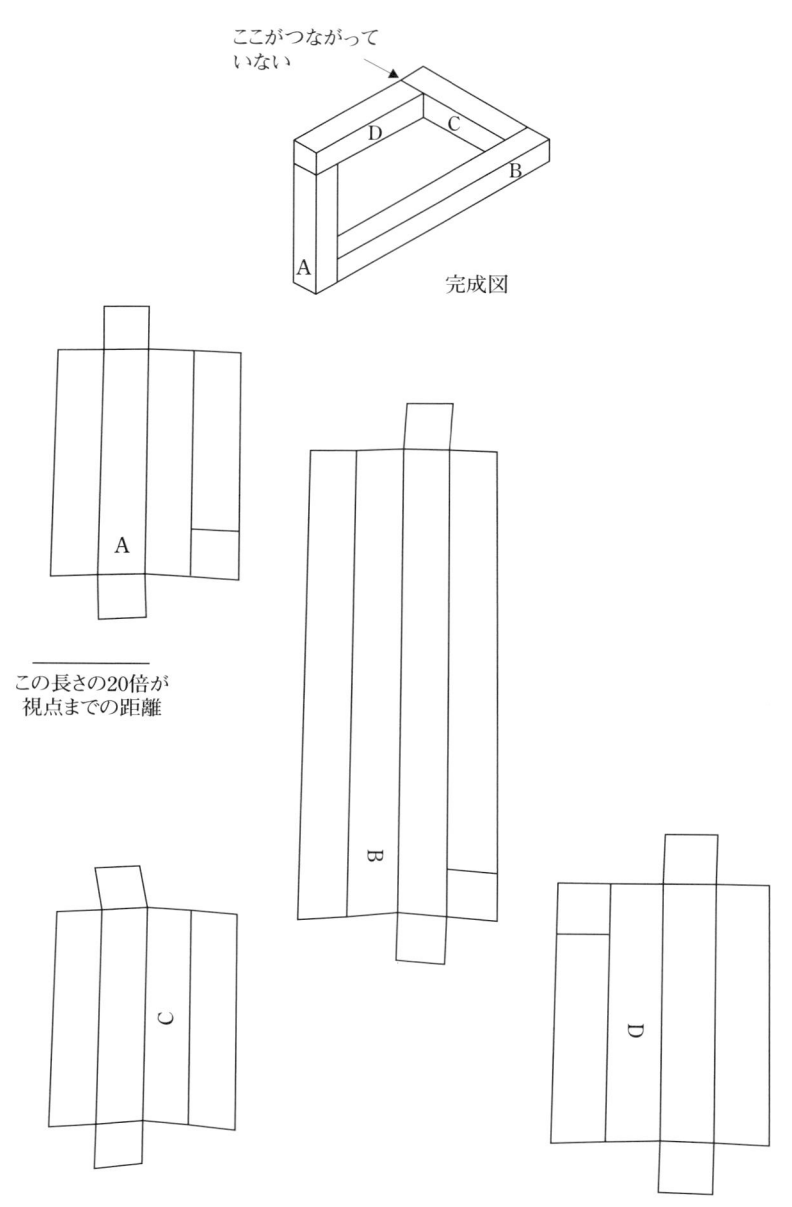

C

D

図 **11.8** 図 11.7 の立体の展開図.

12
曲面のトリック
不可能立体の作り方 その2

　だまし絵で表された立体構造の平面でできているように見える面を曲面で作ることによっても，だまし絵を投影図にもつ立体を作ることができます．このとき，それぞれの面がまわりの面とどのようにつながっているかを無視すれば，立体は容易に実現できます．しかし，それではおもしろくありませんから，絵の中でつながっているように見えるところは，できるだけつながったままで立体を作りたいですね．本章ではその方法を考えましょう．

横井俊祐 作：「解けない知恵の輪」, 2007.

12.1 展開可能な曲面

曲面を使って立体を作るとはいうものの，材料の塊を彫刻して作るのではなく，展開図を貼り合わせて作る方法を考えることにします．そのためには，使う曲面は，平面を曲げて作ることのできるものでなければなりません．

紙のような平面的材料を，はさみで切ったりゴム膜のように伸び縮みさせたりすることなく曲げてできる曲面で作ることを考えます．そのような曲面は，広げれば平面にすることができるもので，**展開可能曲面**または**可展面** (developable surface) とよばれます．まず展開可能曲面の基本的性質を見ておきましょう．

$x(s), y(s), z(s)$ を，実数値をとる s の滑らかな関数とし，

$$\boldsymbol{x}(s) = (x(s), y(s), z(s)) \tag{12.1}$$

と置きます．各 s の値に対して，$\boldsymbol{x}(s)$ は3次元空間の点を表します．s が変わると，点 $\boldsymbol{x}(s)$ も動きます．点 $\boldsymbol{x}(s)$ の軌跡は1つの曲線となります．したがって，s の関数 $\boldsymbol{x}(s)$ は，空間曲線とみなすことができます．とくに，任意の t に対して，$t \leq s \leq t+1$ の間を s が動いたときの軌跡 $\{\boldsymbol{x}(s) \mid t \leq s \leq t+1\}$ の長さが1のとき，s は**弧長パラメータ** (arc-length parameter) とよばれます．ここでは $\boldsymbol{x}(s)$ は，弧長パラメータ s で表された曲線とします．$\boldsymbol{x}(s)$ の s に関する導関数を

$$\frac{\mathrm{d}\boldsymbol{x}(s)}{\mathrm{d}s} \equiv \lim_{\Delta s \to 0} \frac{\boldsymbol{x}(s + \Delta s) - \boldsymbol{x}(s)}{\Delta s} \tag{12.2}$$

で定義します．$\mathrm{d}\boldsymbol{x}(s)/\mathrm{d}s$ は，曲線 $\boldsymbol{x}(s)$ の接線方向を表すベクトルで，長さは1です．これを**単位接線ベクトル** (unit tangent vector) とよびます．

これをもう1度 s で微分して得られるベクトルの長さを

$$\kappa(s) \equiv \left| \frac{\mathrm{d}^2 \boldsymbol{x}(s)}{\mathrm{d}s^2} \right| \tag{12.3}$$

と置き，これを曲線 $\boldsymbol{x}(s)$ の**曲率** (curvature) とよびます．曲率も，s の関

数です．s の値を固定したとき，$\kappa(s)$ は点 $\boldsymbol{x}(s)$ における曲線の曲がり具合を表す数値です．$\kappa(s) = 0$ ならその付近で曲線はまっすぐであり，$\kappa(s)$ が大きいほど，曲がり方が急になります．図 12.1 に示すように，$\boldsymbol{x}(s)$ 付近を円弧で近似したとしましょう．この円は**曲率円** (circle of curvature) とよばれ，その中心は**曲率中心** (center of curvature) とよばれます．また，曲率円の半径は**曲率半径** (radius of curvature) とよばれます．曲率半径は，$1/\kappa(s)$ に一致します．

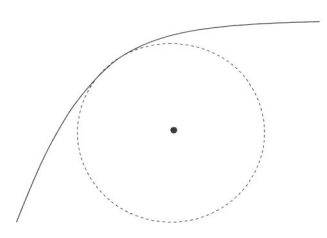

図 **12.1** 曲線と曲率円．

曲率 $\kappa(s)$ は曲線の曲がり具合を数量化したものですが，これを使うと，次のように曲面の曲がり具合も定量化できます．S を，3 次元空間における滑らかな曲面とします．S 上の 1 点 P において S に接する平面を，P における S の**接平面** (tangent plane) とよびます．曲面 S には，表と裏が区別されているものとします．このような曲面は，**向きづけられた曲面** (oriented surface) とよばれます．S の接平面に垂直で S の裏側から表側へ向かうベクトルを S の**外向き法線ベクトル** (outward normal vector) といいます．

図 12.2 に示すように，点 P における S の外向き法線ベクトルを $\boldsymbol{n}$ とし，$\boldsymbol{n}$ を含む平面 π を考えます．π と S の共通部分は S 上の曲線となります．この曲線の曲率を $\kappa(\pi)$ と書きます．ただし，曲率中心が S の表側にくるときには，曲線 $S \cap \pi$ の曲率に -1 をかけたものを $\kappa(\pi)$ とします．

平面 π のとり方には自由度があります．なぜなら法線ベクトル $\boldsymbol{n}$ を軸として π を回転させてもよいからです．π をそのように回転させると $\kappa(\pi)$ も変わります．π を $\boldsymbol{n}$ のまわりで 1 回転させたときの $\kappa(\pi)$ の最大値を κ_1，

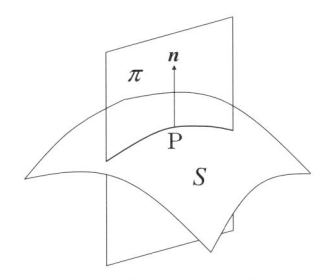

図 **12.2** 曲面と法線ベクトルを含む平面の交線.

最小値を κ_2 とします．κ_1 と κ_2 は，曲面 S の点 P における**主曲率** (principal curvatures) とよばれます．また，その相加平均

$$H = \frac{\kappa_1 + \kappa_2}{2} \tag{12.4}$$

を**平均曲率** (mean curvature)，積

$$K = \kappa_1 \kappa_2 \tag{12.5}$$

を**ガウス曲率** (Gaussian curvature) とよびます．

曲面 S が平面へ展開可能であるためには，ガウス曲率が 0 でなければなりません．なぜなら，$K > 0$ なら，球面のようにどちらの方向へも同じ側へ曲がっていて，無理に平面に展開しようとすると破れますし，$K < 0$ なら，馬の鞍のようにある方向では裏側へ別の方向では表側へ曲がっていて，無理に平面に展開しようとするとしわが寄るからです．このことを性質としてまとめておきましょう．

性質 12.1 曲面 S が平面へ展開できるためには，S 上のすべての点においてガウス曲率 K が 0 でなければならない．

しかし，$K = 0$ であっても，平面へ展開できない曲面もあります．

展開可能曲面の代表例は，円柱の側面や，円錐の側面でしょう．円柱や円錐の側面は，直線を 3 次元空間で移動させたとき掃き出す面としても認識されています．このように，直線を動かしたとき掃く面として作られる曲面は**線織曲面** (ruled surface) とよばれ，動かした直線はその線織曲面の**母線**

(generating line, または ruler, あるいは generatorix) とよばれます.

性質 12.2 展開可能曲面は, 線織曲面である.

なぜなら, 平面の紙などを曲面へ滑らかに曲げるときには, 伸び縮みさせられませんから, どちらかの方向へは紙が曲げられないまま変形することになり, その方向の直線は曲げられた曲面に含まれるからです.

しかし, 逆はいつもなりたつわけではありません. すなわち, 線織曲面がいつも展開可能であるわけではありません.

たとえば, 方程式

$$\frac{x^2}{a^2} + \frac{y^2}{b^2} - \frac{z^2}{c^2} = 1 \tag{12.6}$$

で表される 2 次曲面は**一葉双曲面** (hyperboloid of one sheet) とよばれますが, これは線織曲面なのに展開可能曲面ではありません.

線織曲面と展開可能曲面の関係については次の性質がなりたちます.

性質 12.3 曲面 S が展開可能であるためには, 次の (1), (2) がなりたつことが必要十分である.
(1) S は, 線織曲面である.
(2) S の各母線に対して, 母線上のすべての点は同一の接平面をもつ.

この性質は, ガウスによって証明されました.

線織曲面のうち展開可能曲面でないものは**斜曲面** (skew surface) とよばれます. 斜曲面には, 一葉双曲面のほかに, 方程式

$$2z = \frac{x^2}{a^2} - \frac{y^2}{b^2} \tag{12.7}$$

で表される**双曲放物面** (hyperbolic paraboloid) などもあります.

また展開可能曲面は次のように特徴づけることもできます.

性質 12.4 曲面 S が展開可能であるためには, 次の (1), (2) がなりたつことが必要十分である.
(1) S は線織曲面である.

(2) S 上のすべての点においてガウス曲率が 0 である．

12.2　2次曲面の分類

参考までに，3次元空間における2次曲面の分類についてふれておきましょう．方程式

$$Ax^2 + Bxy + Cy^2 + Dx + Ey + F = 0 \tag{12.8}$$

で表される曲面を **2 次曲面** (surface of the second order, または quadric surface) といいます．2次曲面がある点に関して点対称であるとき，**有心 2 次曲面**とよび，その点を**中心** (center) とよびます．中心をもたない2次曲面は無心2次曲面とよばれます．

特異点をもたない有心2次曲面は，座標変換によって，次の6種類の標準型のいずれかに帰着されます．

$$\frac{x^2}{a^2} + \frac{y^2}{b^2} + \frac{z^2}{c^2} = 1, \tag{12.9}$$

$$\frac{x^2}{a^2} + \frac{y^2}{b^2} - \frac{z^2}{c^2} = 1, \tag{12.10}$$

$$-\frac{x^2}{a^2} - \frac{y^2}{b^2} + \frac{z^2}{c^2} = 1, \tag{12.11}$$

$$\frac{x^2}{a^2} + \frac{y^2}{b^2} = 1, \tag{12.12}$$

$$\frac{x^2}{a^2} - \frac{y^2}{b^2} = 1, \tag{12.13}$$

$$\frac{x^2}{a^2} = 1. \tag{12.14}$$

これら最初の5つの曲面は順に，**楕円面** (ellipsoid)，**一葉双曲面** (hyperboloid of one sheet)，**二葉双曲面** (hyperboloid of two sheets)，**楕円柱** (elliptic cylinder)，**双曲柱** (hyperbolic cylinder)，とよばれます．最後の曲面は実は平面です．

一方，無心2次曲面は，座標変換によって，次のいずれかの曲面に帰着できます．

$$2z = \frac{x^2}{a^2} + \frac{y^2}{b^2}, \qquad (12.15)$$

$$2z = \frac{x^2}{a^2} - \frac{y^2}{b^2}, \qquad (12.16)$$

$$2z = \frac{x^2}{a^2}. \qquad (12.17)$$

これらは順に楕円放物面 (elliptic paraboloid),双曲放物面 (hyperbolic paraboloid),放物柱 (parabolic cylinder) とよばれます.

このうち展開可能曲面は,楕円柱,双曲柱,放物柱,平面のみです.また,展開可能ではないが線織曲面に属するものは,一葉双曲面と双曲放物面です.

円錐や楕円錐も展開可能な 2 次曲面ですが,これらは頂点が特異点なので,上の分類の中には入りません.

12.3 曲面を利用しただまし絵立体

図 12.3 に示すだまし絵を例にとって,これを投影図にもつ立体を曲面を使って作ってみましょう.ただし,展開図から紙工作で作れるように,展開可能曲面だけを使うことにします.また,計算を簡単にするために,視点は z 軸正方向の無限遠方にあるものと仮定し,だまし絵はその垂直投影像であるとします.

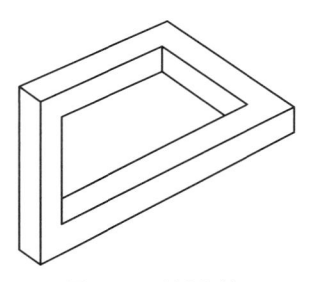

図 **12.3** だまし絵.

図 12.3 のだまし絵に描かれている立体は,4 本の角材をもちます.その

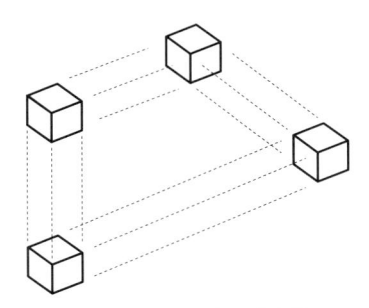

図 **12.4**　4つの角の立方体.

ため，図 12.4 に示すように，それらが接続する角では，4 個の立方体があると考えられます．そこで，まずこれらの立方体を，変形しないで，正しい立方体のまま，空間に配置するものとします．そして，それを曲面を使って滑らかにつなぐという方針をとりましょう．

以下では2個の立方体をつなぐ1本の角材に相当する部分を作ることに焦点を合わせます．

図 12.5(a) に示すように，2 個の立方体をつなぐ角材の中央の稜線の投影像が x 軸に一致するように座標系を固定します．そして，この図のように，中央の稜線が両側で滑らかに立方体の稜線につながるように xz 平面内に1つの曲線 C を選んで固定します．この曲線は滑らかであれば，どんなものでもかまいません．この曲線が

$$z = f(x), \quad 0 \leq x \leq T \tag{12.18}$$

で表されるとしましょう．

曲面は，この曲線 C を平行移動して作るものとします．すなわち，図 12.5(a) で示すように，端点で C と直交する2つの稜線を表すベクトルを $\boldsymbol{a}$ と $\boldsymbol{b}$ とします．図 2.5(b) に示すように，曲線 C を $\boldsymbol{a}$ に沿って平行移動させると一方の曲面ができ，$\boldsymbol{b}$ に沿って平行移動させるともう1つの曲面ができます．これらは柱面ですから展開可能です．また，無限遠方の視点から見ると角柱の投影像と一致します．したがって，これによって目的の角柱に見える立体を作ることができるはずです．

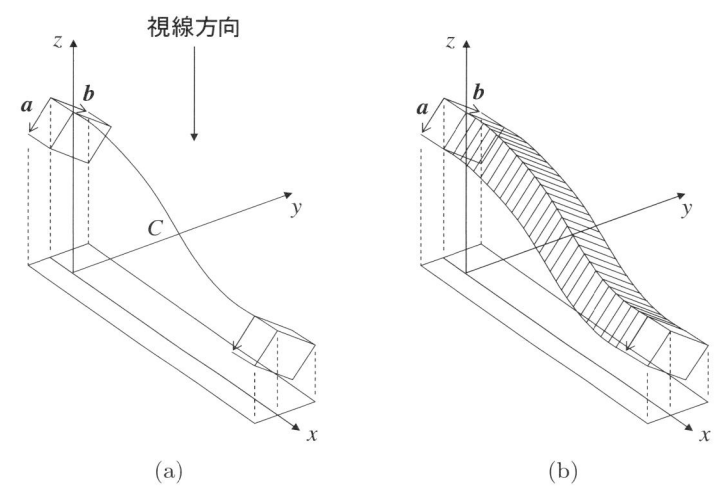

図 12.5　2 個の立方体をつなぐ滑らかな曲面.

　そこで，次にこの曲面の展開図を描く方法を考えましょう．そのために，まず曲線 C を弧長パラメータ s で表現します．すなわち，s の単調増加関数 $x(s)$ をうまく選んで，$z = f(x)$ の代わりに

$$z = g(s) \equiv f(x(s)) \tag{12.19}$$

によって曲線 C を表します．

　弧長パラメータ表現を得るために，いつでもこのように $x(s)$ が選べることは直観的には次のように理解できます．$z = f(x)$ という曲線は，x が時間を表す変数だとすると，時間の進行とともに曲線上の点がどのように動くかを表しているものと解釈できます．このとき，x の単調増加関数 $x(s)$ を用いて $z = f(x)$ を $z = f(x(s))$ と s の関数として見直すことは，点のスピードを変更することに相当します．単位時間の間にいつも単位距離だけ進むようにスピードを変更する操作が，$x(s)$ という関数で実現されるわけです．曲線という経路が与えられたとき，そこを速さ 1 で進むことはつねにできますから，上の $x(s)$ はいつでも選べます．

　上で導入した $x(s), g(s)$ を用いて

$$\bm{g}(s) = (x(s), 0, g(s)) \tag{12.20}$$

と置きます．$\bm{g}(s)$ は3次元空間を動く点のパラメータ s を用いた表現ですが，これが曲線 C の弧長パラメータ表現となります．

C を $\bm{a}$ に沿って平行移動させてできる曲面を平面へ展開したときの C に対応する平面曲線を $\bar{C}$ とし，$\bar{C}$ を (u, v) 正規直交座標系を用いて

$$\bm{h}(s) = (h_u(s), h_v(s)) \tag{12.21}$$

と表します．母線ベクトル $\bm{a}$ に対応する展開図上の2次元ベクトルを

$$\bar{\bm{a}} = (\bar{a}_u, \bar{a}_v) \tag{12.22}$$

と置きます．このとき

$$\|\bm{a}\| = \|\bar{\bm{a}}\| \tag{12.23}$$

です．

また，各 s の値に対して，曲線 C の接線と $\bm{a}$ のなす角度と，$\bar{C}$ の接線と $\bar{\bm{a}}$ のなす角度は等しくなければなりませんから，

$$\bm{a} \cdot \frac{\mathrm{d}\bm{g}(s)}{\mathrm{d}s} = \bar{\bm{a}} \cdot \frac{\mathrm{d}\bm{h}(s)}{\mathrm{d}s} \tag{12.24}$$

です．

一方，s の任意の変化量に対応する曲線 C の長さと曲線 $\bar{C}$ の長さは一致しなければなりません．したがって，任意の s に対して

$$\int_0^s \|\bm{g}'(t)\|\mathrm{d}t = \int_0^s \|\bm{h}'(t)\|\mathrm{d}t \tag{12.25}$$

となります．$\bm{g}(s)$ は曲線の弧長パラメータ表示ですから

$$\|\bm{g}'(t)\| = 1 \tag{12.26}$$

です．したがって，式 (12.24) がなりたつためには

$$\|\bm{h}'(t)\| = 1 \tag{12.27}$$

でなければなりません．

以上より，式 (12.24) と式 (12.27) を満たす曲線 $g(s)$ が求める展開図上の曲線 $\bar{C}$ となります．

ところで，式 (12.27) は，$h(s)$ が曲線 $\bar{C}$ の弧長パラメータ表現となっていることを表します．したがって，弧長パラメータ表現された曲線 $h(s)$ で，式 (12.24) を満たすものを見つければよいことがわかります．

3 次元空間の曲線 $g(s)$，ベクトル a および 2 次元ベクトル $\bar{a}$ が与えられたとき，式 (12.24) を満たす曲線 $h(s)$ は次の手続きで平面に描くことができます．まず $\bar{a}$ に相当する線分を平面上に任意の位置と姿勢で描きます．十分小さい数 Δs を選んで固定します．そして，

$$a \cdot \frac{\mathrm{d}g(0)}{\mathrm{d}s} = \bar{a} \cdot p$$

を満たす単位ベクトル p を見つけます．

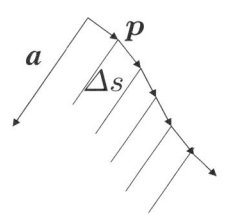

図 **12.6**　曲面の展開図を描くための手続き．

次に，図 12.6 に示すように，$\bar{a}$ の 1 つの端点から，p 方向へ Δs だけ線分を伸ばします．この線分の終点が，点 $h(\Delta s)$ の近似的な位置になります．以下 $i = 1, 2, \ldots$ に対して同様に

$$a \cdot \frac{\mathrm{d}g(i\Delta s)}{\mathrm{d}s} = \bar{a} \cdot p$$

を満たす単位ベクトル p を見つけ，p の方向に Δs の長さの線分をのばすことをくり返します．このようにして得られた折れ線が $\bar{C}$ の近似的図形となります．Δs を十分小さくとれば，立体の工作に使える十分な精度の曲線が得られるでしょう．

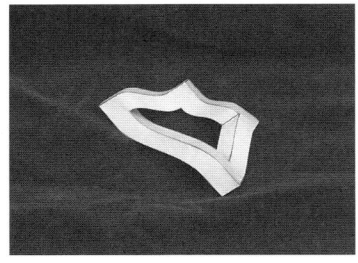

(a) (b)

図 **12.7** 図 12.3 のだまし絵を実現した立体.

　図 12.7 には，この方法で作った立体の画像を示します．(a) はだまし絵と同じように見える方向から撮影したもので，(b) は同じ立体を別の方向から撮影したものです．

　また，この立体を作るときに使った展開図を図 12.8 に示します．ここには 4 つの面の展開図のみが描いてありますが，これらは，立体の見える面に対応します．裏側の見えない面は，これらの展開図と鏡対称な図なのでここでは省略しました．

12.3 曲面を利用しただまし絵立体　177

(a)

(b)

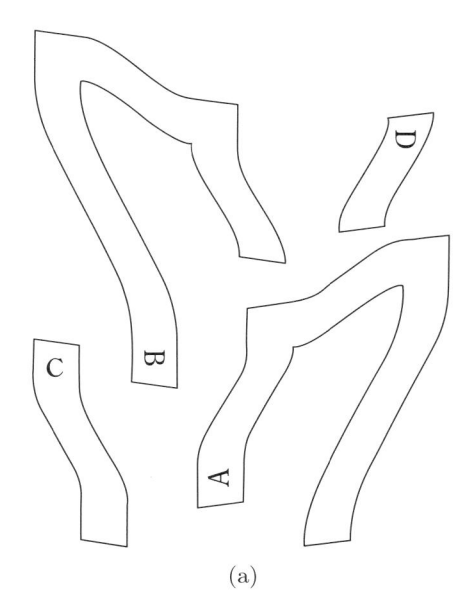

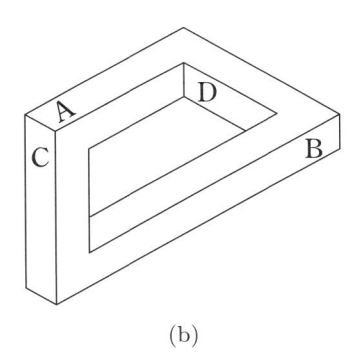

図 **12.8**　図 12.7 の立体の展開図．(a) 見える 4 つの面の展開図．(b) 4 つの面を組み立てたところ．

13
非直角のトリック
不可能立体の作り方 その3

　いままで，平面のように見えるところに曲面を使ったり，つながっているように見えるところで奥行きを不連続にしたりすることによって，だまし絵に描かれている立体が作れることを見てきました．では，平面に見えるところは実際にも平面のままで，つながっているように見えるところは実際にもつながったままで，だまし絵に描かれている立体を作ることはできるでしょうか．実はできるものがあります．曲面のトリックや奥行きのトリックとは違って，すべてのだまし絵に適用できるわけではありませんが，中には作れるものもあります．本章ではその方法を紹介します．

大瀧未帆 作：「異次元に棲む猫」，2007．

13.1 4本の柱

例を使って考えてみましょう．図 13.1 の絵には，台の上に 4 本の柱が立っている立体が描かれています．この絵の中の頂点に奥行きを与えて立体の形を定める手続きを実際に施してみましょう．

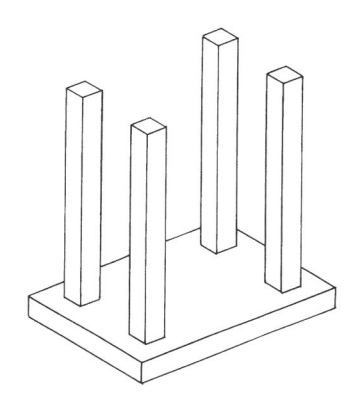

図 13.1 4 本の柱の絵．

まず，下の台に関しては 1 つの面の上の 3 頂点と，その隣の面の上の 1 頂点の奥行きを指定することができ，それによって台の形を決定できます．この段階で，柱の形を決めるためには，さらにいくつの頂点の奥行きを指定する必要があるでしょうか．

1 つの柱に対しては底面だけが定まっています．したがって，底面に属さない頂点の 1 つの奥行きを指定できる任意性が残っています．この任意性は，4 本の柱に 1 つずつありますから，それらの奥行きは任意に指定できます．

これらの奥行きのもっともすなおな指定法は，4 本の柱がすべて下の台に対して垂直に立った状態を作ることでしょう．でも，必ずしもそうしなくても，この絵に描かれた立体を作ることができます．なぜなら 4 本の柱の奥行きはそれぞれ独立に任意に選択できるからです．

そこで，もっとも左の柱と左から 3 本目の柱の上端が視点に近く，左か

ら 2 本目の柱と 4 本目の柱の上端が視点から遠くなるように奥行きを指定
したとしましょう．そうすれば，柱の間に水平に棒を通したとき，この棒と
4 本の柱との前後関係が図 13.2 に示すようにできます．しかし，これは自
然な前後関係ではありません．図 13.2 は一種のだまし絵です．

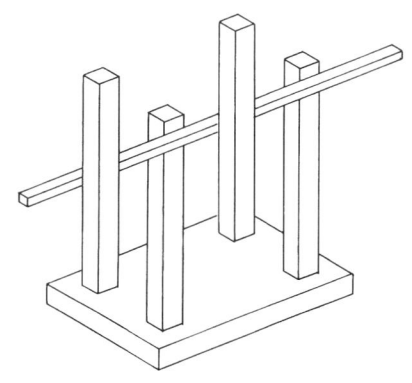

図 **13.2**　不自然な前後関係．

しかし，上の作り方にしたがえば，このような立体を作れます．実際に作
った立体の写真が図 13.3 です．この図の (a) は図 13.2 と同じように見える
視点から撮影したもので，(b) は別の視点から撮影したものです．

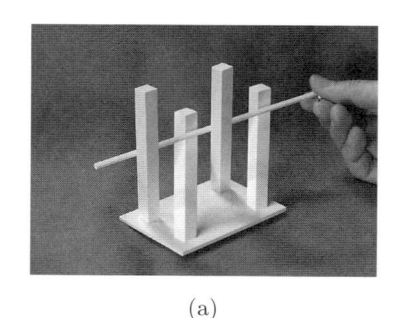

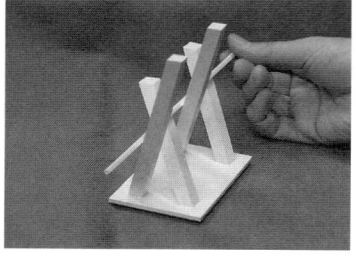

(a)　　　　　　　　　　　　(b)

図 **13.3**　図 13.2 の絵を実現する立体．

13.2　なぜだまし絵に見えるのか

　図 13.2 の絵は，曲面のトリックも不連続のトリックも使わないで立体として実現することができます．でも，この絵を見たとき，私たちは変だとか，作れそうにないとか感じてしまいます．つまり，正しく立体を表す絵であるにもかかわらず，だまし絵に見えます．これはなぜでしょうか．

　この疑問に対して，私が現在もっている答は次のようなものです．図 13.1 の絵には，「3 組の平行線群のみが使われている」という特徴があります．このような絵に対して，次の仮説が成立しているように見えます．

仮説 13.1　3 組の平行線のみによって描かれた立体は，見た人に，面が互いに直角に接続してできた立体であるという印象を与える．

　実際，私たちは，図 13.1 の絵を見たとき，直方体の台の上に，断面が正方形の 4 本の柱が垂直に立っていると解釈するのではないでしょうか．実際には，奥行き方向の自由度があるために，これらの柱は垂直でなくてもよいですし，その断面も正方形でなくてもかまいません．仮説 13.1 が正しければ，私たちは，この自由度の存在に気づかずに，柱が垂直であると思い込んでしまいます．その結果，図 13.2 の絵はだまし絵に見え，図 13.3(a) の画像はあり得ないと感じてしまうのでしょう．これが，私の現在の解答です．

　仮説 13.1 を認めると，立体として作れるのにだまし絵に見える絵を描き，同時にそれを立体として作る方法が得られます．すなわち，次の方法が得られます．

方法 13.1（作り方）　奥行きの自由度の大きい立体を 3 組の平行線のみで描き，仮説 13.1 に基づいて人が感じる奥行きとは異なる奥行きを与える．

　ただし，そのように奥行きを与えても，その立体を見た人が，仮説 13.1 にしたがって立体を知覚したのでは，「変だ」という印象は生じません．不思議だと思わせるためには，実際に与えた奥行きがわかる手がかりも与えな

ければなりません．そのためには，次のような工夫が効果をもちます．

方法 13.2（見せ方） 立体が互いに相手を部分的に隠すように，複数の立体を組み合わせて，仮説 13.1 に基づいて復元した立体では生じない前後関係になっていることを示す．

方法 13.3（動きを加えた見せ方） 立体の隙間に棒を貫通させたり，立体の斜面に玉を転がしたりして，仮説 13.1 に基づいて復元した立体では生じない物理現象が生じることを示す．

このような見せ方をすることによって，実際に目の前で見ていることが，仮説 13.1 に基づいて心理的に復元した立体では生じるはずがないため，あり得ないことが起こっているという錯覚に陥るのです．

13.3 非直角立体を電卓で作る

1 枚の線画だけからは，そこに描かれている立体を一義的に決めることはできません．奥行き方向の情報が欠落していますから，線画が正しく立体を表しているときには，そのような立体は無数にあります．その中の 1 つを決めるためには，いくつかの頂点の奥行きを，線画以外の追加情報として与えなければなりません．このとき奥行きを自由に指定できる頂点の数を，立体の**自由度** (degree of freedom) といいます．

この自由度の分だけ，頂点の奥行きの情報を数値で与えると立体が決まります．しかし，その立体がどんな形なのかを具体的に知ろうとすると，連立方程式を解かなければなりませんから，気が遠くなるほどの計算が必要でコンピュータを使わなければならないという印象をもつのではないでしょうか．

しかし，そうでもありません．視点が z 軸正方向の無限遠方にあるとみなした場合——すなわち与えられた線画は立体の垂直投影図であるとみなした場合——には，電卓を使ってできる程度の計算で比較的簡単に立体の展開図を作ることができます．次に，これを例で示しましょう．

簡単のために，図 13.4(a) に示す線画が与えられ，これを投影図にもつ立体を作りたいとしましょう．このとき，この線画を立体の正面図とみなし，同じ立体を右から見た場合に得られるはずの側面図をまず描きます．図 13.4(b) の図は，(a) の正面図に対する側面図の例です．この図のように，正面図は xy 平面に置かれているとみなし，この立体を x 軸の正方向の無限遠方から見た絵を yz 平面に描きます．これが側面図です．

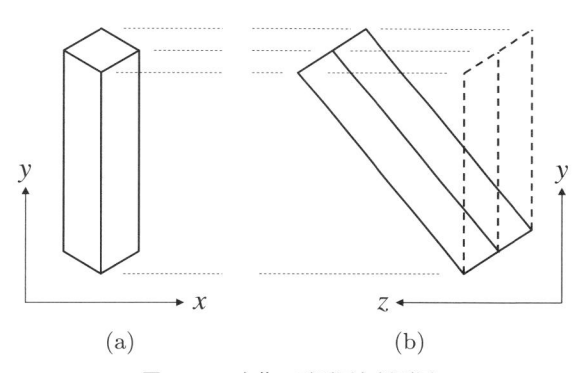

図 13.4 立体の正面図と側面図．

側面図を描くということは，立体の奥行きを指定することでもあります．奥行きには自由度がありましたから，同じ正面図に対して，側面図は何通りも描けます．図 13.4(b) には，実線と破線の 2 種類の側面図を示しました．この図のように，それぞれの頂点の y 座標は正面図と同じ値を保ち，z 座標だけが自由に決められます．立体のすべての面が平面であるという条件を乱さないように，自由度と等しい数の頂点の z 座標を与えると側面図が定まります．

さて，図 13.4 に示すように，正面図と側面図の対が与えられると，立体のすべての頂点の 3 次元座標が求まります．なぜなら，もともと正面図から x 座標と y 座標を読み取ることができ，さらに側面図から z 座標もわかるからです．したがって，任意の 2 つの頂点の間の 3 次元空間での実際の距離も求められます．そのためには，点 P_i, P_j の座標をそれぞれ (x_i, y_i, z_i), (x_j, y_j, z_j) とするとき

$$L = \sqrt{(x_i - x_j)^2 + (y_i - y_j)^2 + (z_i - z_j)^2} \qquad (13.1)$$

を計算すればよいでしょう．これは電卓で計算できるでしょう．このようにしてすべての頂点間の距離が求まりますから，それぞれの面の実際の形も求まります．したがって，立体の展開図も描けます．

最後に残る問題は，だまし絵を実現する立体を作るためには，無限の可能性のある側面図の中からどれを選べばよいかということです．そのためには，一言でいえば，常識的な奥行きとは異なる奥行きを指定すればよいわけです．

たとえば，図 13.5(a) に示した絵は，台の上に 2 本の柱が立っている構造を表しています．この絵の常識的な解釈は，2 本の柱がともに下の台に垂直に立っているというものでしょう．この解釈に対応する奥行きをもった側面図は，図 13.5(b) です．この常識を裏切って，左側の柱が奥へ向かって傾き，右側の柱が手前に向かって傾いている構造を作りたかったら，図 13.5(c) に示す側面図を採用できます．

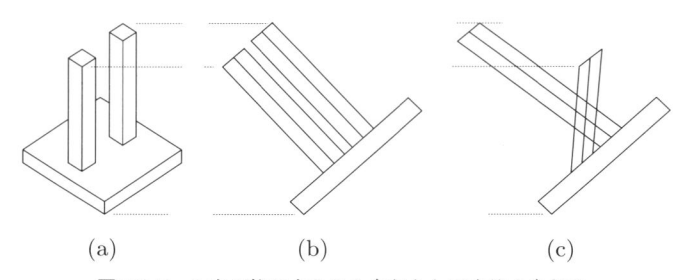

(a)　　　　　　(b)　　　　　　(c)

図 **13.5**　2 本の柱のすなおな奥行きと不自然な奥行き．

一般には，手前にあるように見える部分が遠くにあり，遠くにあるように見える部分が近くにあるように側面図が描ければ成功です．

ただし，どんな絵に対してもそのように望みどおりの側面図が描けるわけではありません．そのように側面を描くことのできる絵を見つけられるか否かが成功の鍵となります．なるべく奥行きの自由度の多い絵を選ぶのがこつです．自由度が多いほど，奥行きは柔軟に指定できるので，望みの形に近づ

けることがより容易になるからです．

13.4　任意の視点からの復元

前節では，線画は立体の垂直投影図であるとみなしましたから，側面図が利用できて，比較的簡単に望みの立体の頂点の3次元座標を求めることができました．では，投影面から有限の距離に視点を置いた場合の立体復元はどうしたらよいでしょうか．すなおにやろうとすると，自由度に等しい数の頂点の奥行きを与え，それに基づいて連立方程式を解くことになります．しかし，それでは電卓でできる計算の範囲を越えてしまうでしょう．

実は，ここにうまい方法があります．それは，与えられた線画から，まず視点が無限遠方にある場合の立体を復元し，次に有限の距離の視点に対応するようにその立体を変形する方法です．次にそれを見ていきます．

xy 平面に与えられた線画を D と置きます．D に描かれている第 i 頂点を P_i とし，D を垂直投影図とみなして復元した立体を $\varGamma$，$\varGamma$ 上の P_i に対応する点を Q_i とします．Q_i の座標を (x_i, y_i, z_i) と置きます．このとき，P_i の座標は $(x_i, y_i, 0)$ です．

いま，図 13.6 に示すように，xy 平面上の線画 D と，それを垂直投影像にもつ立体 $\varGamma$ が得られたとしましょう．立体 $\varGamma$ は $z < 0$ の領域にあるものとします．$\mathrm{E} = (e_x, e_y, e_z)$ を，$z > 0$ の領域に指定された任意の点とします．E を視点とする中心投影像が D に一致するような立体を作る方法を考えます．

ここで3次元空間の点 (x, y, z) を点 (x', y', z') へ移す次の変換 T を考えます．

$$x' = \frac{x + e_x z}{z + 1}, \tag{13.2}$$

$$y' = \frac{y + e_y z}{z + 1}, \tag{13.3}$$

$$z' = \frac{e_z z}{z + 1}. \tag{13.4}$$

この変換 T は次の性質を満たします．

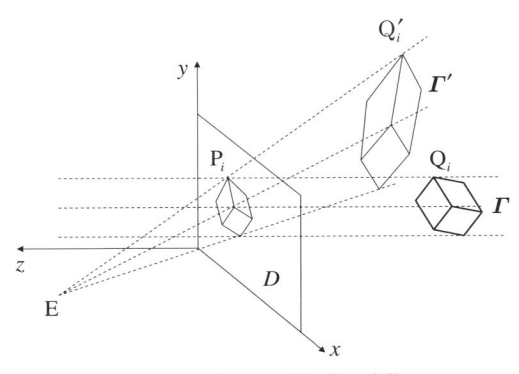

図 13.6　線画を不変に保つ変換.

性質 13.1　T は z 軸方向の無限遠点を E へ移す.

このことは次のようにして確認できます．式 (13.2) より

$$\lim_{z \to \infty} x' = \lim_{z \to \infty} \frac{x + e_x z}{z + 1} = \lim_{z \to \infty} \frac{e_x + \frac{x}{z}}{1 + \frac{1}{z}} = e_x \tag{13.5}$$

です．同様に

$$\lim_{z \to \infty} y' = e_y, \quad \lim_{z \to \infty} z' = e_z \tag{13.6}$$

となります．したがって，z 軸方向の無限遠点は T によって E へ移ることがわかります．

性質 13.2　T は xy 平面を動かさない.

これは次のように確かめられます．式 (13.2), (13.3), (13.4) において $z = 0$ を入れると

$$x' = x, \quad y' = y, \quad z' = 0 \tag{13.7}$$

が得られます．これはつまり xy 平面上の点は T を施しても同じ点にとどまることを表しています．したがって，性質 13.2 がなりたちます．

性質 13.3　T は直線を直線へ移す.

13.4 任意の視点からの復元

この性質は次のようにして確かめることができます.点 $Q_i = (x_i, y_i, z_i)$ と $Q_j = (x_j, y_j, z_j)$ を,変換 T で $Q_i{}' = (x_i{}', y_i{}', z_i{}'), Q_j{}' = (x_j{}', y_j{}', z_j{}')$ へ移したとしましょう.Q_i と Q_j を通る直線上の点はパラメータ t を用いて

$$\begin{pmatrix} x \\ y \\ z \end{pmatrix} = t \begin{pmatrix} x_i \\ y_i \\ z_i \end{pmatrix} + (1-t) \begin{pmatrix} x_j \\ y_j \\ z_j \end{pmatrix}$$

で表されます.実際 $0 \leq t \leq 1$ なら,この (x, y, z) は Q_i と Q_j を $1-t : t$ に内分する点であり,$t < 0$ または $1 < t$ なら外分する点です.この点を変換 T で点 (x', y', z') へ移すと,x' は

$$\begin{aligned} x' &= \frac{tx_i + (1-t)x_j + e_x(tz_i + (1-t)z_j)}{tz_i + (1-t)z_j + 1} \\ &= \frac{t(x_i + e_x z_i) + (1-t)(x_j + e_x z_j)}{tz_i + (1-t)z_j + 1} \\ &= \frac{(z_i + 1)t}{tz_i + (1-t)z_j + 1} \frac{x_i + e_x z_i}{z_i + 1} + \frac{(z_j + 1)(1-t)}{tz_i + (1-t)z_j + 1} \frac{x_j + e_x z_j}{z_j + 1} \\ &= sx_i{}' + (1-s)x_j{}' \end{aligned} \qquad (13.8)$$

と書けます.ただし

$$s = \frac{(z_i + 1)t}{tz_i + (1-t)z_j + 1} \qquad (13.9)$$

です.同様にして

$$y' = sy_i{}' + (1-s)y_j{}', \qquad (13.10)$$

$$z' = sz_i{}' + (1-s)z_j{}' \qquad (13.11)$$

が得られます.式 (13.8), (13.10), (13.11) より,変換後の点 (x', y', z') は Q_i と Q_j の変換後の点 $Q_i{}', Q_j{}'$ を,内分または外分する点です.したがって,その点は $Q_i{}'$ と $Q_j{}'$ を通る直線上にあることがわかります.これで,性質 13.3 は確かめられました.

以上の性質より次が得られます.

性質 13.4 (x,y,z) が Γ 上を動くとき，変換 T によって移った先の点の集合を Γ' とすると，Γ' も多面体であり，Γ' の E を中心とする中心投影像は，線画 D に一致する．

この性質がなりたつことは次のようにしてわかります．まず，T は直線を直線へ移しますから，平面を平面へ移します．したがって，多面体を多面体へ移します．ですから，Γ' は多面体です．Γ 上の点 Q の xy 平面への垂直投影像を P とし，Q の変換 T による像を Q′ としましょう．変換 T は直線を直線へ写し，また xy 平面上の点は動かしませんから，Q と P を通る直線は，E と P を通る直線へ移ります．すなわち，Q の像 Q′ は，E と P を通る直線上にあります．これは，E を中心とする Q′ の中心投影像が P であることを意味します．すなわち，Γ 上の点 Q の xy 平面への垂直投影像は，Q を T によって移した点 Q′ の E を中心とする中心投影像に一致します．以上より，性質 13.4 がなりたつことが確認できました．

このように，まず与えられた線画 D を垂直投影図にもつ立体 Γ を作ることさえできれば，任意の視点 E を決めたとき，E を投影の中心とし，投影図が D と一致する立体は，変換 T で構成できることがわかります．

図 13.3 の立体の展開図を図 13.7 に示します．この図の左下の水平線分は，その長さの 20 倍だけ，この立体から離れたところに視点位置 E があることを表すためのものです．

非直角のトリックを利用した立体化の例をいくつか示します．

図 13.8 は，無限階段を実現した立体の写真です．図の (a) は，この立体がだまし絵に見える視点から撮影したもので，(b) は，同じ立体を別の方向から撮影したものです．

第 11 章，第 12 章で取り上げた 4 本の角材を環状につないだ立体のだまし絵も，非直角のトリックで立体化できます．立体化の結果を図 13.9 に示します．この図の (a) は，だまし絵に見える視点から撮影したもので，(b) は一般の視点から撮影したものです．(b) からわかるように，この立体では，面はすべて平面多角形で作られ，だまし絵の中でつながっているように見えるところは，本当につながったまま作られています．

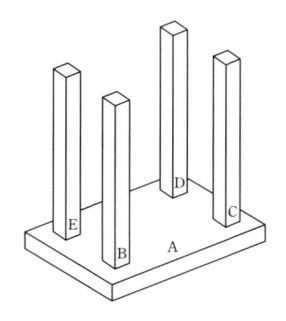

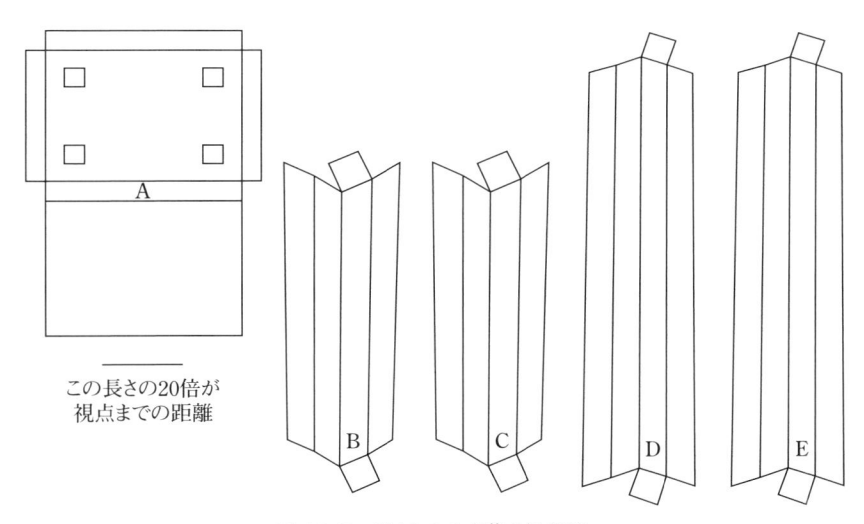

図 **13.7** 図 13.3 の立体の展開図.

　非直角のトリックを用いて私自身が作った不可能立体の展開図集もあります（文献 [36], [37], [41]）．これらを利用すれば，誰でも簡単に不可能立体を紙で作って，それから生じる立体錯視を楽しむことができます．

190   13 非直角のトリック

(a)   (b)

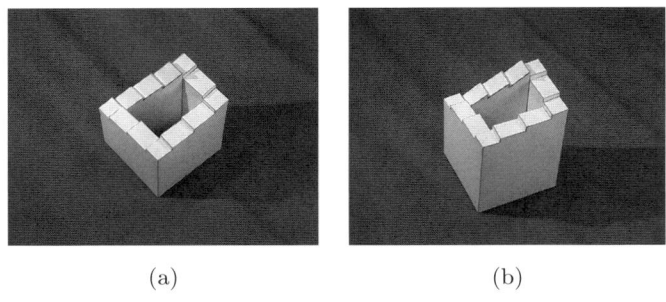

図 13.8 非直角のトリックで立体化した「無限階段」．(a) 錯覚の生じる視点から撮影したもの．(b) 一般の視点から撮影したもの．

(a)   (b)

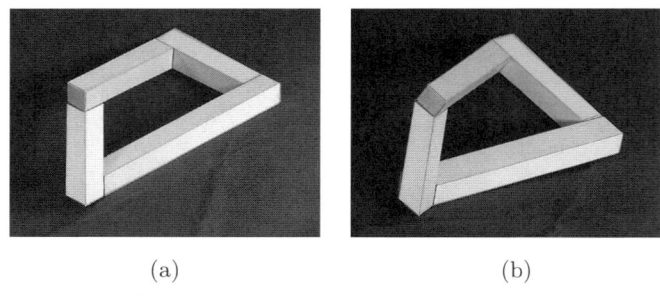

図 13.9 非直角のトリックで立体化した「ひねり四角トーラス」．(a) 錯覚の生じる視点から撮影したもの．(b) 一般の視点から撮影したもの．

参考文献

[1] 阿原一志「ハイプレーン——多面体でつくる双曲幾何学 07 テセレーション」『数学セミナー』2005 年 10 月号，pp. 10-14.

[2] 阿原一志『ハイプレーン——のりとはさみでつくる双曲平面』日本評論社，2008.

[3] 秋山仁，M. ルイス『数学ワンダーランドへの 1 日冒険旅行』ムック，2010.

[4] F. Aurenhammer, Voronoi diagrams——A survery of a fondomental geometric data structure, ACM Computeing Surveys, vol. 23, no. 3, 1991, pp. 345-405. 邦訳：杉原厚吉訳「Voronoi 図——一つの基本的な幾何データ構造に関する概論」『bit』1993 年 9 月号別冊，『コンピュータ・サイエンス』，共立出版，pp. 131-185.

[5] L. Cervini, R. Farinato and L. Loreto, The interactive computer graphics (ICG) production of the 17 two-dimensional crystallographic groups, and other related topics. H. S. M. Coxeter *et al.* (eds.), *M. C. Escher——Art and Science*, North-Holland, Amsterdam, 1986, pp. 269–284.

[6] H. S. M. Coxeter, Coloured symmetry. H. S. M. Coxeter *et al.* (eds.), *M. C. Escher——Art and Science*, North-Holland, Amsterdam, 1986, pp. 15-33.

[7] H. S. M. Coxeter, M. Emmer, R. Penrose and M. L. Teuber, *M. C. Escher——Art and Science*, North-Holland, Amsterdam, 1986.

[8] A. W. M. Dress, The 37 combinatorial types of regular "Heaven and Hell" patterns in the Euclidean plane. H. S. M. Coxeter *et al.* (eds.), *M. C. Escher——Art and Science*, North-Holland, Amsterdam, 1986, pp. 35–45.

[9] D. J. Dunham, Creating hyperbolic Escher patterns. H. S. M. Coxeter *et al.* (eds.), *M. C. Escher——Art and Science*, North-Holland, Amsterdam, 1986, pp. 241-248.

[10] M. Emmer, Movies on M. C. Escher and their mathematical appeal. H. S. M. Coxeter *et al.* (eds.), *M. C. Escher——Art and Science*, North-

[11] B. エルンスト（坂根巌夫 訳）『エッシャーの宇宙』朝日新聞社，1983．
[12] B. Ernst (J. E. Brigham, trans.), *The Magic Mirror of M. C. Escher*, Taschen America L. L. C., 1994.
[13] G. A. Escher, M. C. Escher at Work. H. S. M. Coxeter *et al.* (eds.), *M. C. Escher――Art and Science*, North-Holland, Amsterdam, 1986, pp. 1-11.
[14] 深谷賢治『双曲幾何学』岩波書店，2004．
[15] M. Gardner, *Penrose Tiles to Trapdoor Ciphers*, W. H. Freeman and Company, New York, 1989.
[16] B. Grünbaum and G. C. Shephard, *Tilings and Patterns*, Freeman and Company, New York, 1989.
[17] D. R. Hofstadter, *Gödel, Escher, Bach――An Eternal Golden Braid*, Vintage Books, New York, 1979.
[18] 伊藤由佳理「対称性の美――結晶群の分類」数学書房編集部（編）『この定理が美しい』数学書房，2009, pp. 30-39．
[19] C. S. Kaplan, Metamorphosis in Escher's art. In *Bridges 2008―― Mathematical Connections in Art, Music and Science*, 2008, pp. 39-46.
[20] C. S. Kaplan and D. H. Salesin, Escherization. *Proceedings of SIGGRAPH*, 2000, New Orland, pp. 499-510.
[21] C. S. Kaplan and D. H. Salesin, Dihedral Escherization. *Proceedings of Graphics Interface 2004*, May 17-19, London, Ontario, the Canadian Human-Computer Communications Society, pp. 255-262.
[22] H. Koizumi and K. Sugihara, Computer aided design system for Escher-like tilings. *Proceedings of the 25th European Workshop on Computational Geometry*, Brussels, March 16-18, 2009, pp. 345-348.
[23] 小泉 拓「エッシャー風タイリングの自動生成」，東京大学大学院情報理工学系研究科数理情報学専攻修士論文，2009．
[24] G. E. Martin, *Transformation Geometry――An Introduction to Symmetry*, Springer-Verlag, New York, 1982.
[25] 中村義作『エッシャーの絵から結晶構造へ』海鳴社，1983．
[26] R. Penrose, Escher and the visual representation of mathematical ideas. H. S. M. Coxeter *et al.* (eds.), *M. C. Escher――Art and Science*, North-Holland, Amsterdam, 1986, pp. 143-157.
[27] J. F. Rigby, Butterflies and snakes. H. S. M. Coxeter *et al.* (eds.), *M. C. Escher――Art and Science*, North-Holland, Amsterdam, 1986, pp. 211-220.
[28] 斎藤正彦『線型代数入門』東京大学出版会，1966．
[29] D. Schattschneider, M. C. Escher's classification system for his colored pe-

riodic drawings. H. S. M. Coxeter *et al.* (eds.), *M. C. Escher——Art and Science*, North-Holland, Amsterdam, 1986, pp. 82-96.

[30] D. Schattschneider, *Vision of Symmetry——Notebooks, Periodic Drawings, and Related Work of M. C. Escher*, W. H. Freeman and Company, 1990. 次の邦訳もある．D. シャットシュナイダー（梶川泰司 訳）『エッシャー・変容の芸術　シンメトリーの発見』日経サイエンス社，1991．また，次のような復刻版も出ている．D. Shattschneider, *M. C. Escher——Vision of Symmetry*, Harry N. Abrams Inc., New York, 2004.

[31] K. Sugihara, *Machine Interpretation of Line Drawings*, MIT Press, Cambridge, 1986.

[32] 杉原厚吉『不可能物体の数理』森北出版，1993．

[33] 杉原厚吉『グラフィックスの数理』共立出版，1995．

[34] 杉原厚吉（文），早川司寿乃（絵）『だまし絵であそぼう』（科学であそぼう12），岩波書店，1997．

[35] 杉原厚吉『立体イリュージョンの数理』共立出版，2006．

[36] 杉原厚吉『へんな立体』誠文堂新光社，2007．

[37] 杉原厚吉『すごくへんな立体』誠文堂新光社，2008．

[38] 杉原厚吉『だまし絵の描き方入門』誠文堂新光社，2008．

[39] K. Sugihara, Computer-aided generation of Escher-like Sky and Water tiling patterns, *Journal of Mathematics and the Arts*, vol. 3, 2009, pp. 195-207.

[40] 杉原厚吉『なわばりの数理モデル』共立出版，2009．

[41] 杉原厚吉『まさか？のへんな立体』誠文堂新光社，2010．

[42] 谷岡一郎『エッシャーとペンローズ・タイル』PHPサイエンス・ワールド新書，PHP研究所，2010．

[43] M. L. Turber, Perceptual theory and ambiguity in the work of M. C. Escher against the background of 20th century art, H. S. M. Coxeter *et al.* (eds.), *M. C. Escher——Art and Science*, North-Holland, Amsterdam, 1986, pp. 159-178.

[44] 安田恭子（編），*The Collection of Huis ten Bosch. M. C. Escher*, 増補版，ハウステンボス美術館，1998．

索 引

ア 行

アフィン結合 108
一葉双曲面 169, 170
1対1写像 16
一般の位置 136
裏返し 6
エッシャー化 8, 44
遠近関係 135
「円の極限IV」 90
凹線 123
凹稜線 122
奥行き 154

カ 行

解空間 68
回転 6, 17, 63
ガウス 91
　――曲率 168
可展面 166
基本領域 23
逆元 18
逆写像 16
鏡映 17

境界 14
極小値 69
曲面のトリック 165
曲率 166
　――円 167
　――中心 167
　――半径 167
虚軸 101
距離の2乗和 66
亀裂線 160
群 18
結合律 18
構造的に実現可能 136
合同 103
恒等写像 20
弧長パラメータ 166

サ 行

最小化問題 69
最適タイル 71
三角形 80
3組の平行線群 181
次数 40
視線 154
実軸 101

自分自身を隠す面　149
斜曲面　169
写像　15
周期的タイリング　23
自由度　182
主曲率　168
「上昇と下降」　119, 142
隙間図形　111
図形　14
　　——が近い　65
図と地の反転　108
正規直交基底　68
正三角形　83
生成元　74
生成される部分群　21
正方形　5
勢力圏　74
　　——図　74
正六角形　45, 63
積集合　15
接続構造　136
接続点　125
　　——辞書　127
接平面　167
線画　122
線形方程式　65
前後関係の逆転　148
全射　16
線織曲面　168
線対称写像　17
全単射　16
像　15
双曲角度　95
双曲幾何学　91

双曲距離　95
双曲三角形　104
双曲柱　170
双曲直線　92
双曲等長変換　103
双曲放物面　169, 171
外向き法線ベクトル　167
「空と水 I」　107

タ　行

タイリング　14
　　——可能　62
　　——頂点　40
　　——頂点の移動　50
　　——辺　40
タイル　14
　　——の大変形操作　58
　　——の分割操作　56
　　——貼り　14
楕円柱　170
楕円放物面　171
楕円面　170
「滝」　119
多結晶構造　74
だまし絵　142
　　——描画技法　145
単位元　18
単位接線ベクトル　166
単射　16
チェッカーボード　110
逐次復元可能列　159
中心　170
　　——投影像　152

頂点　124
　　──辞書　127
直角三角形　83
直角二等辺三角形　83
展開可能曲面　166
展開図　163, 188
「天国と地獄」　90
点対称　11
　　──写像　17
電卓　182
点の復元　154
投影中心　152
投影面　152
同心円的タイリング　84
等長写像　16
等長変換群　24
凸線　122
凸稜線　122
鈍感な絵　135

ナ 行

2 次曲面　170
2 次式　69
二等辺三角形　82
二様双曲面　170

ハ 行

「爬虫類」　4, 46
反転　95
ヒゲ　50
非周期的タイリング　23
非直角のトリック　178

ひねり四角トーラス　190
ひねりを加えたトーラス　147
非ユークリッド幾何学　91
「昼と夜」　115
敏感な絵　135
不可能物体の絵　119
複数の交線　149
複素共役　101
複素数　101
複素平面　101
複比　95
部分群　21
不連続　22
　　──群　22
　　──のトリック　151
閉曲線　108
平均曲率　168
平行　94
　　──移動　6
　　──等間隔　146
並進　15, 17
　　──鏡映　17
平面の方程式　155
ペンローズ　86
　　──タイリング　85
　　──のタイル　87
　　──の三角形　127, 147
ポアンカレ　92
　　──ディスク　92
放物柱　171
ボヤイ　91
補助部材の貫通　150
母線　168
母点　74

ボロノイ図　74
ボロノイ領域　74

　　マ　行

向き　6
　　——づけられた曲面　167
無限階段　119, 142, 190
面の復元　154
モーフィング　108
目標図形　61
モデル　92
「もの見の塔」　119

　　ヤ　行

有界である　23

有心2次曲面　170
ユークリッド幾何学　91
ユークリッド距離　16
4本の柱　179

　　ラ　行

らせん的タイリング　84
ラベル　6
　　——の一貫性　123
立体復元　153
輪郭線　123
連続変形　108
ロバチェフスキー　91

著者略歴

杉原厚吉（すぎはら・こうきち）
1948 年　生まれる．
1973 年　東京大学大学院工学系研究科計数工学専門課程修士課程修了．
現　　在　明治大学先端数理科学インスティテュート副所長，特任教授．東京大学名誉教授．工学博士．
主要著書　*Machine Interpretation of Line Drawings* (The MIT Press, 1986)，
『計算幾何工学』（培風館，1994），
Spatial Tessellations—Concepts and Applications of Voronoi Diagrams, 2nd ed.（共著，Wiley, 2000），
『形と動きの数理』（東京大学出版会，2006）ほか．

エッシャー・マジック　　だまし絵の世界を数理で読み解く

2011 年 1 月 5 日　初　版

[検印廃止]

著　者　杉原厚吉
発行所　財団法人 東京大学出版会
　　　　代表者 長谷川寿一
　　　　113-8654 東京都文京区本郷 7-3-1 東大構内
　　　　電話 03-3811-8814　　Fax 03-3812-6958
　　　　振替 00160-6-59964
　　　　URL http://www.utp.or.jp/
印刷所　大日本法令印刷株式会社
製本所　矢嶋製本株式会社

Ⓒ2011 Kokichi Sugihara
ISBN978-4-13-063355-0 Printed in Japan

R〈日本複写権センター委託出版物〉
本書の全部または一部を無断で複写複製（コピー）することは，著作権法上での例外を除き，禁じられています．本書からの複写を希望される場合は，日本複写権センター（03-3401-2382）にご連絡ください．

形と動きの数理	杉原厚吉	A5/2800 円
錯視の科学ハンドブック	後藤・田中 編	菊/13000 円
初等解析入門	落合・高橋	A5/2200 円
多変数の初等解析入門	落合・高橋	A5/2300 円
ベクトル解析入門	小林・高橋	A5/2800 円
微分方程式入門	高橋陽一郎	A5/2600 円
偏微分方程式入門	金子晃	A5/3400 円
数学のなかの物理学	大森英樹	A5/4200 円
ランダム行列の基礎	永尾太郎	A5/3800 円
非線形・非平衡現象の数理〈全4巻〉	三村昌泰 監修	
1　リズム現象の世界	蔵本由紀 編	A5/3400 円
2　生物にみられるパターンとその起源	松下貢 編	A5/3200 円
3　爆発と凝集	柳田英二 編	A5/3200 円
4　パターン形成とダイナミクス	三村昌泰 編	A5/3200 円

ここに表示された価格は本体価格です．御購入の
際には消費税が加算されますので御了承下さい．